助力乡村振兴
出版计划

【现代农业科技与管理系列】

生态茶园建设与管理

主　　编　胡绍德
副 主 编　蒋家月　李叶云　姜　浩
编写人员　赵　俊　胡金甲　李　羣
　　　　　　毕鹏程　戴艳军

时代出版传媒股份有限公司
安徽科学技术出版社

图书在版编目(CIP)数据

生态茶园建设与管理 / 胡绍德主编. --合肥:安徽科学技术出版社,2022.12

助力乡村振兴出版计划.现代农业科技与管理系列

ISBN 978-7-5337-8600-7

Ⅰ.①生… Ⅱ.①胡… Ⅲ.①无污染茶园-管理 Ⅳ.①S571.1

中国版本图书馆 CIP 数据核字(2022)第 041605 号

生态茶园建设与管理　　　　　　　　　　　　　胡绍德　主编

出 版 人:丁凌云　选题策划:丁凌云　蒋贤骏　余登兵　责任编辑:李志成
责任校对:程　苗　责任印制:梁东兵　　　　　　　　装帧设计:王　艳
出版发行:安徽科学技术出版社　　　http://www.ahstp.net
　　　　　(合肥市政务文化新区翡翠路 1118 号出版传媒广场,邮编:230071)
　　　　　电话:(0551)63533330
印　　制:安徽联众印刷有限公司　　电话:(0551)65661327
(如发现印装质量问题,影响阅读,请与印刷厂商联系调换)

开本:720×1010　1/16　　　印张:9.25　　　字数:100 千
版次:2022 年 12 月第 1 版　　2022 年 12 月第 1 次印刷

ISBN 978-7-5337-8600-7　　　　　　　　　　　定价:43.00 元

出版说明

　　"助力乡村振兴出版计划"(以下简称"本计划")以习近平新时代中国特色社会主义思想为指导,是在全国脱贫攻坚目标任务完成并向全面推进乡村振兴转进的重要历史时刻,由中共安徽省委宣传部主持实施的一项重点出版项目。

　　本计划以服务乡村振兴事业为出版定位,围绕乡村产业振兴、人才振兴、文化振兴、生态振兴和组织振兴展开,由《现代种植业实用技术》《现代养殖业实用技术》《新型农民职业技能提升》《现代农业科技与管理》《现代乡村社会治理》五个子系列组成,主要内容涵盖特色养殖业和疾病防控技术、特色种植业及病虫害绿色防控技术、集体经济发展、休闲农业和乡村旅游融合发展、新型农业经营主体培育、农村环境生态化治理、农村基层党建等。选题组织力求满足乡村振兴实务需求,编写内容努力做到通俗易懂。

　　本计划的呈现形式是以图书为主的融媒体出版物。图书的主要读者对象是新型农民、县乡村基层干部、"三农"工作者。为扩大传播面、提高传播效率,与图书出版同步,配套制作了部分精品音视频,在每册图书封底放置二维码,供扫码使用,以适应广大农民朋友的移动阅读需求。

　　本计划的编写和出版,代表了当前农业科研成果转化和普及的新进展,凝聚了乡村社会治理研究者和实务者的集体智慧,在此谨向有关单位和个人致以衷心的感谢!

　　虽然我们始终秉持高水平策划、高质量编写的精品出版理念,但因水平所限仍会有诸多不足和错漏之处,敬请广大读者提出宝贵意见和建议,以便修订再版时改正。

本册编写说明

　　生态茶园是以茶树为主要物种,按照社会、经济和生态效益协调发展要求,以生态学和经济学原理为指导,结合茶树生长规律,遵循生态农业的要求建设起来的茶园。生态茶园必须建设一个生态系统工程,依据茶树的生物特性,采用立体复合栽培,茶木共生,保持原生态,促进生态系统循环,可以提高生物圈内生命体间相互促进的能力,使茶园内物种更加丰富,为茶树生长创造良好的生态环境。茶园管理必须采用人工除草,禁止使用除草剂,施用农家肥、沼液等有机肥料。生态茶园生长环境、空气、土壤和水质必须为自然的原生态,同时茶园管理需遵循生态学科要求,改梯壁锄草为割草回园、套种绿肥,使茶园达到保水、保肥的生态平衡目的。病虫害防治应采用绿色防控技术,保持良好的生态环境以减少病虫害发生,积极发展有机茶园,促进茶叶产量和质量的提高,提升茶园的生态效益和经济效益。

　　本书根据茶产业高质量发展的需要及目前茶树栽培管理的现状,以促进茶产业振兴为目的,从茶树品种选育、生态茶园建设和改造、茶园管理技术、病虫害绿色防控及有机茶园管理等方面系统介绍了生态茶园绿色种植技术。本书第一章、第二章、第六章、第七章由安徽农业大学负责编写,第三章、第五章由桐城市农业农村广播电视学校负责编写,第四章由庐江县农业农村局负责编写。本书的出版旨在为广大茶农、茶叶经营主体、农业技术推广人员、科研人员等开展农业生产、技术推广、科学研究等工作提供参考。

　　本书编写时参考了大量相关专家的著作及资料,得到了安徽省茶产业体系、农业主管部门、科研机构和茶叶科技人员的大力支持,在此表示衷心的感谢!

目 录

第一章 茶树品种与繁育

第一节 茶树良种的选择

茶树良种是指综合性状优良,在产量、品质、抗性和发芽期等方面明显优于当地当家品种或区试中标准种的茶树品种。茶树良种对茶叶生产影响作用很大,截至 2021 年 1 月,共认定、审定、鉴定和登记了 207 个国家级茶树品种。其中,安徽省已育成的国家级良种有黄山种、祁门种、皖茶 91、石佛翠、安徽 1 号、安徽 3 号、安徽 7 号、凫早 2 号、皖农 95、皖农 111、杨树林 783、舒茶早等。

一 选择原则

各地气候条件差异大、生产茶类不同,对茶树良种的选择与搭配也不尽相同。一般来讲,主要从以下几个方面进行茶树良种的选择。

1.萌芽期

早萌芽的茶树品种,可以早生产、早上市,卖价也高。但萌芽早的茶树不是任何地方都可以引种的,如有些地方经常发生倒春寒,会使早春萌芽早的茶芽受冻,反而导致效益受损。因此,引种早生品种,要充分考虑当地气候条件。

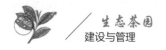
2.品质

所引茶树品种应具有优质茶的品质特征,并适合当地名优茶生产。从茶叶外部茸毛有无,芽的大小、颜色,到品种所含的生化成分,都应符合当地原来生产茶类,或新创制茶的品质要求。有些品种虽有较好的品质基础,但因在加工造型上不能满足当地原来生产茶类的要求,也不宜选用。

3.抗逆性

茶树品种的抗逆性,通常是指其抗寒、抗旱和抗病虫害的能力。选择抗逆性强的茶树品种,可在受自然灾害影响时,利用茶树品种自身的抵抗力减少损失,尤其是抗病虫害能力强,可少施药或不施药,这对减少茶叶农药残留十分有益。

4.产量

所选茶树良种的育芽能力强,单位面积内的芽数多,生长期长,生长量大,则产量高。只有具备一定的产量基础,才能有较好的效益。

二 适制不同茶类良种的选择

1.名优绿茶品种的选择

(1)适制扁形名优茶的品种,一般要求芽长于叶,芽大小中等或相对较小,叶背茸毛中等或少,如龙井43、龙井长叶、凫早2号、舒茶早、乌牛早、平阳特早、浙农117等。

(2)适制针形名优茶的品种,一般要求发芽密度高、芽粗壮、百芽重较大、叶背茸毛多,如福鼎大毫茶等。

(3)适制曲毫形茶、毛峰类名优茶的品种,一般要求芽大小中等或相对较小,叶背茸毛多,如福鼎大白茶、福云6号、浙农113、迎霜等。

2.红茶品种的选择

对于红茶生产来说,应选择适宜加工红茶的品种,一般要求具有芽叶粗壮、茶多酚含量高、酚/氨比大等特点,如祁门种、安徽 1 号、安徽 3 号、凫早 2 号等。

3.乌龙茶品种的选择

乌龙茶主要产区在福建、广东等。开发乌龙茶,可适量引种一些优质乌龙茶品种,如金观音、黄观音、金牡丹。目前,在安徽省部分茶区,利用当地群体种,亦成功试制出品质较佳的乌龙茶,较好地解决了当地夏、秋茶的生产问题,提高了茶园的经济效益。

三 良种的搭配

1.依据萌芽期早、迟搭配品种

对萌芽期早、迟的品种进行搭配,可延长生产季节,有效地调节茶叶生产的"洪峰",缓解相同品种同时萌芽带来的茶季劳动力、机械设备不足的矛盾,使茶季生产能在一个相对均衡的条件下进行,做到保质保量。反之,品种单一,会使得在一个较短的时期内进厂鲜叶量大,茶厂的加工能力不足,茶鲜叶不能及时采收;但若因此配置较多的设备,则又投资大、设备闲置时间长,利用率低。此外,合理搭配种植不同萌芽期品种,还可在一定程度上避免品种单一造成的病虫害快速蔓延和其他自然灾害的扩散。

2.依据适制性搭配品种

合理的品种搭配,有利于多茶类的组合生产和新的消费市场的开拓。根据地方特点,搭配具有不同品质基础的茶树品种,既能满足人们对不同产品的需求,又能应对市场的变化。如市场需要扁形茶时,就利用一些适制扁形茶的茶树良种多加工此类茶;市场需要毛峰类茶时,则利用茸

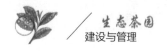

毛较多的茶树品种进行加工。

3.依据气候特点搭配品种

茶树品种的搭配,应充分考虑地方气候条件。如当地气温较高,冬季与早春基本不会发生严重冻害,则可以特早生和早生品种为主,适当搭配一些中生品种;对于冬季或早春常会发生冻害的地区,引种早生品种比例应低一些。总之,品种搭配必须因地制宜,使生产单位能根据市场的变化,及时调整生产结构,减少风险,提高效益。

▶ 第二节　部分品种简介

一 适制绿茶品种

1.皖茶91(农抗早)

皖茶 91 为国家级良种,是由安徽农业大学茶业系从云南大叶种不断驯化和杂交的后代中选育的无性系良种。灌木型,中叶类,早生种。茶丛基部 5~10 厘米处有主干,一般在 5~10 厘米处产生分枝。叶形长椭圆,叶片水平略上斜着生,叶面略有泡状隆起,叶质肥厚柔软,叶色绿,有光泽,叶尖渐尖下垂。芽头壮实,密披茸毛,芽长 2 厘米左右,生长势强,持嫩性好,一芽一叶开张时间为 3 月 25—30 日,一芽三叶百芽重为 38 克。抗寒性强,产量较高。适合各地茶区种植,特别是北方茶区种植。

栽培要点:品种耐肥怕瘠,每年施基肥时间要早,量要足,一般霜降前后即要施下,年施饼肥每亩(1 亩 ≈ 667 平方米)不得少于 300 千克。

2.舒茶早

舒茶早为国家级良种,是由安徽省舒城县农业局从舒城群体中单株选育而成的。灌木型,中叶类,早生种。树姿开张,分枝较密,叶片上斜着生。芽叶淡绿色,茸毛中等,一芽三叶百芽重为58.2克。育芽力强,发芽整齐,生长势强,持嫩性好。芽萌发期在3月15日前后,一芽三叶盛期在4月上旬。春茶一芽二叶干样约含氨基酸3.8%,茶多酚21.6%,咖啡因4.1%。产量较高,在舒城九一六茶场,平均每亩产鲜叶482千克,比福鼎大白茶高19.2%,六足龄茶园进入高产稳产期,每亩产鲜叶在550千克左右。抗寒性、抗旱性较强,尤其抵御晚霜能力强。适宜在长江南、北绿茶区栽培。无性扦插能力强。

栽培要点:耐肥,施肥量比一般品种适当增加,春季催芽肥需提前施用。可选择土层深厚、肥力较高的平缓山坡地种植。

3.凫早2号

凫早2号为国家级良种,是由安徽省农科院茶叶研究所从杨树林群体种中采用单株育种法育成的。适制针形名优茶,条索紧秀,翠绿油润,香气清高,滋味鲜爽。无性系,灌木型,中叶类,早生种。树姿直立,分枝密,叶片上斜状着生。芽叶淡黄绿色,茸毛中等,一芽三叶百芽重为49.3克,持嫩性强。春茶一芽二叶干样约含氨基酸4.7%,茶多酚28.5%,儿茶素总量12.1%。产量较高,4年平均每亩产鲜叶661千克,最高达964千克。抗寒性强,扦插繁殖力强。适宜在安徽、浙江、江西、湖南、湖北、江苏、河南等茶区种植。

栽培要点:植株直立,适当缩小行距,第一次定型修剪可略低,第二年可修剪2次;春季追肥,江南茶区在2月下旬进行,江北茶区在3月上旬进行。

4.中茶108

中茶108是由中国茶叶研究所选育而成的。灌木型,中叶类,特早生种。叶片呈长椭圆形,叶色绿,叶面微隆,叶身平,叶基楔形,叶脉7.3对,

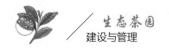

叶尖渐尖。树姿半开张,分枝较密,芽叶黄绿色,茸毛较少。春茶一般在3月上中旬萌发,育芽力强,持嫩性好,抗寒性、抗旱性、抗病性均较强,尤抗炭疽病,产量高。所制绿茶品质优,适制龙井、烘青等名优绿茶,春茶一芽二叶干样约含氨基酸4.2%,茶多酚23.9%,咖啡因4.2%。

栽培要点:扦插繁殖力强,抗寒性强,但抗高温、抗旱性稍弱,夏季宜采取喷灌,防止高温灼伤,夏茶有部分紫芽。幼龄期生长缓慢,栽培宜选择土层深厚、有机质丰富的土壤。施肥的增产效果比其他品种好。分批及时采,春季及时防治茶丽纹象甲和炭疽病,间隔3~5年剪去蓬面细弱枝,需防止晚霜或倒春寒对春芽的危害。

5.茶农98

茶农98是国家级良种,是从安徽省岳西县地方有性群体种中单株选育而成的。生长势强,产量高,抗旱性强。灌木型,树姿半开张,分枝密度中等。新梢一芽一叶始期早,育芽力强,发芽整齐。芽有茸毛,密度稀,芽叶持嫩性强。适制绿茶、红茶。所制烘青绿茶外形紧结,汤色嫩绿、明亮,香气高爽、有栗香,滋味甘醇、鲜爽,叶底嫩绿明亮。所制工夫红茶,条索细紧,色乌润,香气高爽、味浓鲜。一芽二叶干样约含茶多酚18.58%,氨基酸4.11%,咖啡因4.36%,水浸出物46.72%。高产,比对照的福鼎大白茶增产72%~106%。适宜在浙江、安徽、湖北、河南地区栽培。

栽培要点:四季均可扦插繁殖,其中10月下旬至11月上旬扦插最为适宜。加强对母本园肥培管理,及时防治病虫草害。品种生长势强,建立生产茶园时,不宜栽植过密,条栽每穴植2株为宜。在霜降前后施饼肥200~300千克/亩。冬季当气温长时间处于-10摄氏度以下时,要采取防寒抗冻措施。

6.皖茶4号(红旗1号)

皖茶4号,又名红旗1号,无性系茶树优良品种,其母株是从安徽省祁门县箬坑乡红旗村祁门槠叶种群体茶园中发现的,2016 年 12 月份被确定为省级无性系优良茶树品种。中叶种,灌木型,树姿较直立。芽叶颜色呈黄绿色,叶色中绿,叶形椭圆,叶面微隆起,叶身内折,叶片质地中等。早生型品种,比福鼎大白茶早 6~7 天,比舒茶早早 3~4 天。有较高的鲜叶产量,与舒茶早的鲜叶产量相当。用其制作的绿茶(一般制作黄山毛峰)具有良好的品质特征,尤其是具有较好的香气和滋味。相对于适制绿茶,其对红茶的适制性一般。具有良好的抗逆性,与福鼎大白茶和舒茶早相比,红旗 1 号具有较强的越冬抗寒性、早春抗低温性和抗病性。

栽培要点:每年的 11 月份至次年的 3 月初(霜冻天气不宜移栽)双株单行或双行条植。在种植第一年的秋冬季(10—11 月份)加强苗木管理,一是除去杂草,二是开沟施肥(有机肥与复合肥同时施用)。第二年的管理,春季(2 月底至 3 月初)开沟施肥,以速效肥为主,每亩用尿素或茶叶专用肥 10 千克;春季发芽前,在高度 15 厘米处进行第一次修剪,然后根据茶树的长势选择于年中或年底在 25~30 厘米处进行第二次修剪,并及时追肥、防治小绿叶蝉等虫害、控制杂草生长;秋冬季(10—11 月份)进行除草和开沟施肥,重施有机肥。第三年以培育树冠为主,春茶采取打顶采;3 月底、6 月底分别进行轻修剪,继续培育高产树形,扩大树冠覆盖度,期间加强虫害与杂草防控;秋冬季(10—11 月份)进行除草和开沟施肥,重施有机肥,兼施茶叶专用肥。

7.安徽 7 号

安徽 7 号是由安徽省农业科学院茶叶研究所于 1955—1978 年从安徽省祁门县的群体中采用单株育种法育成的茶叶品种。无性系,灌木型,中叶类,中(偏晚)生种,二倍体。主要分布在安徽茶区,江西、河南、江苏、湖北等省有引种。1987 年被全国农作物品种审定委员会认定为国家品种。树姿直立,分枝密,叶片上斜状着生。叶椭圆形,叶色深绿,有光泽,叶

面微隆起,叶身稍内折,叶尖钝尖,叶缘平,叶齿较密,叶质较厚、脆。芽叶淡绿色,茸毛中等,一芽三叶百芽重为47.0克。花冠直径为4.3厘米,花瓣为7瓣,子房茸毛中等,花柱为3裂。育芽能力强,芽叶较密。一芽三叶盛期在4月中旬。产量高,每亩可达300千克。春茶一芽二叶干样约含氨基酸3.5%,茶多酚24.4%,儿茶素总量9.9%。适制绿茶。所制炒青绿茶,绿润显毫,香气似兰花香,滋味醇厚。抗寒性和适应性较强。扦插繁殖力强。

栽培要点:适宜在长江南北茶区栽培,要采用单行三株或双行双株种植,每亩栽4 000~6 000株。定型修剪分3次进行,定植当年离地面10~15厘米修剪,第二、第三年分别在春茶前定型修剪,高度分别为25~35厘米、45~50厘米。注意预防早春异常落叶。

8.石佛翠

石佛翠是由安徽省农业科学院茶叶研究所与安徽省安庆市农业局于1989—1999年从大别山石佛群体中采用单株育种法育成的。安徽东至、潜山、太湖及祁门等地有引种。无性系,灌木型,中叶类,中生种,二倍体。植株适中,树姿半开张,分枝密,叶片水平状着生。叶椭圆形,叶色深绿,有光泽,叶面隆起,叶尖钝尖,叶质较柔软。芽叶黄绿色,茸毛中等,一芽三叶百芽重为39.0克。花瓣为5~7瓣,子房中毛,花柱为3裂。芽叶密度大,育芽能力强,萌发早。一芽一叶期为4月上旬末,一芽三叶盛期为4月下旬初,比安徽1号早10~15天。4~6龄茶树的茶园每亩平均产量可达90千克。一芽二叶干样约含氨基酸4.7%,茶多酚22.6%,咖啡因4.5%。适制红茶、绿茶,尤适制名优绿茶。所制岳西翠兰,色泽翠绿,清香持久,滋味鲜醇爽口。抗寒性强。

栽培要点:适宜在高寒山区栽培。同一般灌木型茶树品种栽培管理。

9.柿大茶

柿大茶又名柿叶茶,原产于安徽省黄山市黄山区新民乡猴坑地区。

1982 年被安徽省茶树良种审定委员会认定为省级品种。有性系,灌木型,大叶类,晚生种,二倍体。植株适中,树姿半开张,分枝较稀,节间较短,叶片稍上斜状着生。当第一叶初展时,第二叶仍紧靠幼茎,由于节间短,二叶尖同芽头长短基本相平,这样的嫩梢(一芽二叶)制成的猴魁,其外形就会达到"一挺三不"(芽叶挺直,两叶抱一芽,不散、不翘、不弯曲)的要求。叶片较肥厚,叶椭圆形似柿叶,叶色深绿,富光泽,叶面隆起,叶缘波状,叶齿稀锐,叶质厚软。芽叶淡绿色,茸毛密,一芽三叶百芽重为 49.3 克。花冠直径为 3.3 厘米,花瓣为 5 瓣,子房茸毛中等,花柱为 3 裂。种径为 1.5 厘米,种子百粒重为 91.0 克。芽叶生育力强,持嫩性强。一芽三叶盛期在 4 月下旬。产量中等,每亩为 100 千克。春茶一芽二叶干样约含氨基酸 3.6%,茶多酚 23.8%,儿茶素总量 13.6%,咖啡因 4.0%。适制绿茶。所制太平猴魁,外形挺直,扁平匀整,魁伟重实,色苍绿,全身白毫,含而不露,叶脉呈"红丝线",茶汤杏绿清亮,幽香,滋味醇厚爽口,叶底黄绿明亮,肥厚柔软。抗寒性、适应性强。

栽培要点:行距可采用 1.60 米。幼龄期宜适时多次定型修剪和摘顶养蓬。适宜在安徽山区栽培。

二 适制红茶品种

1.祁门槠叶种(有性系)

祁门槠叶种,又叫祁门种,为国家级良种,主要分布在安徽省黄山市祁门县历口、闪里、塔坊、城区。植株灌木型,分枝密度中等,叶形为椭圆或长椭圆形,叶质柔软。1982 年被认定为安徽省地方良种,1984 年被全国茶树良种审定委员会认定为全国推广地方良种。植株灌木型,树姿半开展,分枝密度中等,叶片呈上斜或水平着生。越冬芽于 3 月 16 日左右萌动,需活动积温 79.1 摄氏度,三叶展期在 4 月 16 日前后,需活动积温

435.7 摄氏度。一芽三叶百芽重为 48.8 克,发芽整齐。抗低温性能强,气温-9.3 摄氏度时无明显冻害。鲜叶约含多酚类 31.11%,儿茶素总量 14.66%,氨基酸 5.42%,水浸出物 44.72%。成茶品质好,适制红茶、绿茶。所制工夫红茶,条索紧细苗秀,色泽乌润,回味隽永,具有果香或似花香的独特香气,称"祁门香",是制作祁门红茶的当家品种。所制绿茶,色泽绿润,香气高爽,味鲜醇。每公顷产干茶一般在 1 500 千克以上。

栽培要点:栽培适应性广。全国各茶区都有栽培,格鲁吉亚、俄罗斯、印度、日本、越南、巴基斯坦等国也有引种。

2.凫早2号

凫早2号为国家级良种,是由安徽省农业科学院茶叶研究所从杨树林群体种中采用单株育种法育成的。适制红茶、绿茶。无性系,灌木型,中叶类,早生种。树姿直立,分枝密,叶片上斜状着生。芽叶淡黄绿色,茸毛中等,一芽三叶百芽重为 49.3 克,持嫩性强。春茶一芽二叶干样含氨基酸 4.7%,茶多酚 28.5%,儿茶素总量 12.1%。产量较高,4 年平均亩产鲜叶 661 千克,最高达 964 千克。抗寒性强,扦插繁殖力强。适宜在安徽、浙江、江西、湖南、湖北、江苏、河南等茶区种植。

栽培要点:植株直立,适当缩小行距,第一次定型修剪可略低,第二年可修剪 2 次;春季追肥,江南茶区在 2 月下旬进行,江北茶区在 3 月上旬进行。

3.安徽1号

安徽 1 号是由安徽省农业科学院茶叶研究所于 1955—1978 年从祁门群体种中采用单株育种法育成的茶叶品种。无性系,灌木型,大叶类,中生种,二倍体。主要分布在安徽茶区,江西、河南、江苏、浙江、湖北等省有引种。1987 年被全国农作物品种审定委员会认定为国家品种。植株适中,树姿直立,分枝密度中等,叶片上斜状着生。叶长椭圆形,叶色绿,有光泽,叶面微隆起,叶缘平,叶尖钝尖,叶齿锐度中等,叶质较厚软。芽叶黄绿色,茸毛多,一芽三叶百芽重为71.0克。花冠直径为3.6厘米,花瓣为6瓣,子房茸毛中等,花柱为3裂。育芽力强,芽叶密度较稀,持嫩性强。一芽三叶盛期在4月中旬。产量高,每亩可达300千克。春茶一芽二叶干茶样约含氨基酸3.5%,茶多酚25.6%,儿茶素总量11.3%。适制红茶、绿茶,品质优。所制绿茶,白毫多,香气清醇,滋味醇正。抗寒性强,扦插繁殖力强。

栽培要点:适宜在长江南北茶区栽培。栽培时采用单行三株或双行双株种植,每亩栽4 000~6 000株。定型修剪分3次进行,定植当年离地面10~15厘米修剪,第二、第三年分别在春茶前定型修剪,高度分别为25~35厘米、45~50厘米。注意预防早春异常落叶。

4.安徽3号

安徽3号是由安徽省农业科学院茶叶研究所于1955—1978年从祁门群体中采用单株育种法育成的茶叶品种。无性系,灌木型,大叶类,中生(偏早)种,二倍体。主要分布在安徽茶区,江西、河南、浙江、江苏等省有引种。1987年被全国农作物品种审定委员会认定为国家品种。植株适中,树姿半开张,分枝密,叶片水平状着生。叶长椭圆形,叶色绿,有光泽,叶面微隆起,叶尖渐尖,叶缘微波,叶齿浅细,叶质柔软。芽叶淡黄绿色,茸毛多,一芽三叶百芽重为53.0克。育芽力强,一芽三叶盛期在4月中旬初。产量高,每亩可达290千克。春茶一芽二叶干样约含氨基酸3.3%,茶多酚23.4%,儿茶素总量9.9%。适制红茶、绿茶。红茶有"祁红"传统特征;绿茶香气清醇,滋味醇正、较鲜。所制天柱剑毫,品质优。抗寒性强,扦插繁殖力强。

栽培要点:适宜在长江南北茶区栽培。应采用单行三株或双行双株种植,每亩栽4 000~6 000株。预防早春异常落叶。幼龄期注意防治炭疽病、

云纹叶枯病等。

三 适制乌龙茶品种

1.金观音

金观音为国家级良种。以铁观音为母本,黄棪为父本,采用杂交育种法选育而成。无性系,灌木型,中叶类,早生种,二倍体。植株较高大,树姿半开张,分枝较密,叶片呈水平状着生。叶椭圆形,叶色深绿,叶面隆起,具光泽,叶缘微波状,叶身平展,叶尖渐尖或钝尖,叶齿较钝浅稀,叶质厚,较脆。芽叶紫红色,茸毛少,嫩梢肥壮。芽叶生育力强,发芽密且整齐,适宜机采,持嫩性较强。开采期早,比黄棪早 1 天左右,比铁观音早 13 天左右。一芽二叶干样约含茶多酚 33.9%,氨基酸 3.5%,咖啡因 4.5%,水浸出物 46.0%。乌龙茶香气特征成分含量丰富,香精油高。

栽培要点:幼年期生长较慢,宜选择纯种健壮母树剪穗扦插,培育壮苗选择土层深厚、土壤肥沃的黏质红黄壤园地种植,增加种植株数与密度。可在适栽福鼎大白茶的茶区推广。

2.黄观音

黄观音为国家级良种。以铁观音为母本,黄棪为父本,采用杂交育种法选育而成。无性系,小乔木型,中叶类,早生种,二倍体。植株较高大,树姿半开张,分枝较密,叶片呈水平状着生。叶椭圆或长椭圆形,叶色黄绿,叶面隆起,具光泽,叶缘平,叶身平展,叶尖钝尖,叶齿较钝浅稀,叶质厚脆。芽叶黄绿带微紫色,茸毛少,嫩梢比黄棪肥壮。育芽力强,发芽密,持嫩性较强。开采期早,比黄棪迟 3 天左右,比铁观音早 10 天左右。一芽二叶干样约含茶多酚 31.9%,氨基酸 3.5%,咖啡因 3.6%,水浸出物 42.8%。乌龙茶香气特征成分含量丰富。

栽培要点:选择土层深厚的园地,采用 1.50 米大行距、0.40 米小行距、0.33米丛距双行双株规格种植。加强茶园肥水管理,适时进行3次定剪。要分批留叶采摘,采养结合。适宜在福建、广东、云南、海南、广西南部、湘南、赣南等茶区种植。

3.金牡丹

金牡丹为国家级良种。以铁观音为母本,黄棪为父本,采用杂交育种法选育而成。无性系、灌木型、中叶类、早生种,二倍体。植株中等大小,树姿较直立,分枝较密,叶片呈水平状着生。叶椭圆形,叶色绿或深绿,叶面隆起,具光泽,叶缘微波,叶身平,叶尖钝尖,叶齿较锐浅密,叶质较厚脆。芽叶紫绿色,茸毛少,嫩梢肥壮,节间较短。育芽力强,发芽较密,持嫩性特强。开采期早,比黄棪迟3天左右,比铁观音早10天左右。一芽二叶干样约含茶多酚27.4%,儿茶素21.7%,氨基酸2.9%,咖啡因3.1%,水浸出物48.0%。乌龙茶香气特征成分含量丰富,香精油含量特高。

栽培要点:宜选择纯种健壮母树剪穗扦插。培育壮苗拟选择土层深厚、土壤肥沃的黏质红黄壤园地种植,适当增加种植密度。

(四) 特异茶树品种

1.紫嫣

灌木型,晚生种,生长势中等,树姿半开张。叶片中椭圆形,向上着生。子房有茸毛,花萼外部无茸毛。新梢紫色,一芽三叶长8.74厘米,新梢有茸毛且茸毛较密,百芽重为46.08克。一芽二叶干样约含茶多酚20.36%,氨基酸4.41%,咖啡因3.98%,水浸出物45.49%。适制绿茶、红茶等。所制烘青绿茶外形匀整,色青黛,汤色蓝紫清澈,有嫩香,滋味浓厚尚回甘,叶底柔软,色靛青。所制红茶外形乌润、有毫,香气浓郁,有甜香,滋味甘醇。该品种为高花青素含量的特色品种,在四川茶区所种植的紫嫣的一芽二叶干样中花青素含量为2%~3%。田间调查显示,紫嫣对茶炭疽病抗性为

中抗,低于对照品种紫鹃(抗);对茶小绿叶蝉抗性为感,与对照品种紫鹃相近。抗寒性较强,优于对照品种紫鹃(中)。第1生长周期每亩产量为241.44千克,比对照品种紫鹃增产3.8%;第2生长周期每亩产量为318.84千克,比对照品种紫鹃增产5.3%。

栽培要点:适宜在海拔1 200米以下的茶区栽培,春、秋均可移栽茶苗。应种植在pH为4.0~6.5的土壤上,由于该品种生长势较一般品种弱,对肥培条件要求较高,宜种植在肥力中等或肥力较高的土壤上,不宜种植在贫瘠的土壤上。该品种开花结果能力强,为抑制其生殖生长,春梢宜强采,生产季节追肥不宜施含磷的复合肥,同时需采取喷施乙烯利等疏花疏果的措施来控制生殖生长。幼苗期因生长势较一般品种弱,需加强肥培管理水平,以促进生长势。种植第3年初采摘,注意留叶养树,保持叶面积指数在4左右。该种花果多,宜勤采、多采春茶,以减少花果数量。夏季高温强日照季节,可用遮阳度约70%的遮阳网对茶树适当遮阳,以提高鲜叶的花青素含量。此外,要注意防治茶小绿叶蝉等害虫。

2.黄魁

黄魁为省级品种。黄化品种,适制绿茶。灌木型,中叶类,中生种。树姿半开张,叶片微卷,叶片边缘锯齿浅,茎脉不显;芽叶茸毛较少,芽叶呈金黄或杏黄色;性状稳定,适应性强,抗寒、抗旱、抗病性强。黄魁春季和秋季新梢芽叶黄化均匀且明显;新梢持嫩性强,一芽二、三叶嫩度好,叶片厚,芽叶肥壮;适制条形、针形和扁平形绿茶。丰产期的黄魁茶园,春茶每亩产量为15千克干茶以上。干茶约含游离氨基酸在7.0%以上,茶多酚19.8%,咖啡因3.5%。所制绿茶干茶嫩黄,茶汤杏黄醇厚,叶底金黄鲜亮,气味清香,滋味甘醇鲜爽。

栽培要点:适宜在皖南、浙西及赣北的丘陵及山区偏酸性土壤栽种,夏季光强超6万勒克斯时,应遮阳30%左右,否则易现红色芽,发生芽叶日灼情况。高寒茶区引种需要防御冻害。幼苗期因生长势较一般品种弱，需加强肥培管理水平。

3.黄山白茶

黄山白茶是指国家级茶树品种——黄山大叶种中的变异白化新品系。所制干茶条索紧结秀直，叶片、叶脉均呈乳白色，芽头纤细显玉色，具有高氨基酸、低多酚、观赏性好、经济价值高等特点，受到消费者青睐。灌木型，中叶类，中生种。叶片呈上斜状，叶长椭圆形，叶身稍内折，叶齿浅，叶缘平。春季新芽玉白，叶质薄，叶脉浅绿色，气温高于 23 摄氏度时，叶渐转花白色至绿色。夏、秋茶芽叶均为绿色，芽叶茸毛中等。一芽一叶盛期在 4 月上旬。抗寒性强。

栽培要点：适宜在海拔高度超过 300 米、土壤类型为红壤或黄壤、pH为 4.5~6.5、有机质含量在 1.0%以上的地区栽培。种植时间为 9—11 月份或 2—3 月份，栽植密度为每公顷在 60 000 株以内。每公顷茶园施基肥在 22 500 千克以上，每年每公顷茶园施追肥在 1 500 千克以上。

4.中黄1号

中黄 1 号来源于浙江省天台县当地茶树群体种的自然黄化突变体，经过单株鉴定、扩繁、品系比较试验等育种程序选育而成。该品种春季新梢呈鹅黄色，颜色鲜亮，夏、秋季新梢亦为淡黄色，成熟叶及树冠下部和内部叶片均呈绿色，1 年生扦插苗为黄色。中黄 1 号芽叶茸毛少，发芽密度较高，持嫩性较好。春茶一芽二叶干样约含氨基酸 7.1%，茶多酚 13.3%，咖啡因 3.3%，水浸出物 43.3%（干重），内含物配比协调。制成的茶叶外形色绿透金黄，嫩（栗）香持久，滋味鲜醇，叶底嫩黄鲜亮，特色明显，品质优异。该品种克服了一般黄化或白化品种适应性差、抗逆力弱的缺陷，抗寒、抗旱能力明显高于其他黄化或白化品种，与普通绿茶品种相当，适应性强，易于栽培管理，有很大的推广潜力。目前，该品种已在浙江、四川、

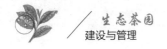

贵州等地开始推广。

栽培要点:宜采用单条双株或双条单株的种植规格。直立性强,需要适当缩小行距、增加种植密度。立体发芽性强,不宜养成采摘蓬面。越冬前和春茶前不宜修剪,基肥宜在9月底前施毕。因对光照比较敏感,宜选择日照条件较好的地块,生长势较普通品种略微偏弱,产量稍低;幼龄期未投产之前,可适当遮阳,以提高成活率与生长势,但投产之后不宜遮阳,否则影响黄化程度;在春季气温回升较快的地区种植,可能会影响新梢黄化程度,应慎重引种。

5.白叶一号

白叶一号是浙江省名优绿茶之一——安吉白茶的茶树品种,现主要种植于浙江省湖州市安吉县,是一种珍稀罕见的白化变异茶树品种,白化期通常仅1个月左右,属于低温敏感型茶叶,其阈值约在23摄氏度。清明前萌发的嫩芽呈玉白色。谷雨后逐渐转为白绿相间的花叶。夏至后,芽叶恢复为全绿,因此白叶一号是在清明前后特定的白化期内采摘、加工制作而成的。干茶外形色泽金黄,芽锋挺直,香气芬芳,汤色鹅黄,滋味鲜爽,浓醇甘甜,回味悠长。

栽培要点:适宜双条栽规格种植,注意选择土层深厚、有机质丰富的地块栽种。按时进行定型修剪和摘顶养蓬。高温季节适当遮阳,以防芽叶灼伤。高寒茶区引种需要防御冻害。幼苗期因生长势较一般品种弱,需加强肥培管理水平。

▶ 第三节 茶树繁育技术

一 短穗扦插

无性繁殖是茶树良种繁殖的重要手段,有扦插、嫁接繁殖和压条繁殖等方式。扦插,根据插穗留叶数可分为半叶插、一叶插和二叶插,根据穗条的长短分为长穗扦插和短穗扦插。其中,短穗扦插具有母穗用量省、成活率高、繁殖系数大等特点,是世界茶区广泛使用的繁殖方式。我国茶区辽阔,气候多样,露地短穗扦插时间也有差异。春插,华南茶区一般在2—3月份进行,茶苗当年可以出圃,江南茶区略迟,在3—4月份进行,江北茶区常在4月份开始;夏插,多数茶区在6—7月份进行;秋插,在9—10月份进行。茶树品种不同,扦插后生根快慢不同,有些茶树品种生根慢,秋季扦插后不易越冬,因此需提前到8月底前扦插。

1.苗圃地选择

扦插苗圃地宜建在地面平坦、交通便利、靠近采穗园及水源的地方,土壤以红、黄壤的沙壤土、壤土或轻黏壤土为好。要求土壤的pH在4.5~5.5,结构良好,有机质含量丰富。

2.整地做畦

应先清除苗圃地的杂草、树根、石块等杂物,然后进行翻耕。第一次进行全面深耕,耕深为25~30厘米;第二次在做苗床前深耕,耕深为15~20厘米。通常每块苗圃地的四周要建立排灌水沟,沟深25~30厘米,宽约40厘米。苗床面宽100~120厘米,长度依地形而定,以15~20米为宜,苗床高度为10~15厘米,畦与畦之间的操作沟宽40厘米,埋桩放线做畦(图

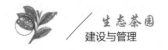

1-1）。苗床应根据土壤肥沃情况酌量施以基肥，一般每亩均匀撒施腐熟的饼肥 250~300 千克、过磷酸钙或复合肥 20 千克，并与土壤耙匀，20 天后方可扦插。

图 1-1　扦插苗圃整地做畦

心土扦插繁殖：选择土层深厚的酸性红、黄壤生荒地或疏林地，铲除表土，取表土层以下腐殖质含量很少的心土，用孔径 1 厘米的筛子过筛，铺放在畦面上，略加压实，厚度宜超过 4 厘米，每亩约需心土 20 立方米。这样插穗插入土中部分刚好在心土中，可以防止插穗剪口腐烂，促进早日发根，而且可减少畦面上杂草滋生。

无心土扦插繁殖：采用上述畦面铺心土的短穗扦插方式，工作量大，投入成本高。近年来，很多茶区采用无心土扦插技术。将准备好的杀虫剂、杀菌剂及基肥充分拌匀后，均匀撒施于表土层上，再将底土回填作为表土，平整后，夯实四周。苗床整好后进行连续沟灌，以便药剂充分渗透土壤，杀死虫卵与病菌，用除草剂封闭土壤抑制杂草生长。不铺心土扦插的成活率、茶苗出圃率与铺心土大致相同，但可节约成本和减少取土对环境的破坏。但不铺心土扦插，同一块地不能重茬，重茬育苗成活率降低80%。

3.剪枝

母树小于 10 年的发枝条,扦插后发芽率和生根力均较高,而大于 10 年的鸡爪枝多,母穗长势弱,易老化,成活率低,母树以 4~8 年为最佳供穗期。

新梢逐渐木质化且新梢的三分之一已变红棕色时为剪取用以制作插穗的枝条的适当时期(图 1-2),剪枝前必须先进行病虫防治,保证无病虫被携入苗圃。采剪枝条最好在早上进行,这时空气湿度大,枝叶含水量多,易于保持新鲜状态。剪下的枝条要放在阴凉潮湿的地方,最好当天剪穗当天扦插,贮藏与运输要注意保湿,不能超过 3 天。

图 1-2　插穗剪取的适当时期

4.剪穗

标准的插穗为茎干木质化或半木质化,大叶品种长度为 3.5~5.0 厘米,中小叶品种长度为 2.5~3.5 厘米,具有一片完整叶片和健壮饱满腋芽(一芽一叶一寸长)。没有腋芽,或腋芽有病虫害,或人为损伤者不能使用。插穗的上下剪口要求平滑,上剪口留桩以 2~3 毫米为宜,过短易损伤腋芽,过长则又会延迟发芽。节间太短的,可把 2 节剪成 1 个插穗,并剪去下端的叶片和腋芽(图 1-3)。

图 1-3　标准插穗

5.扦插

茶树插穗发根慢,在适宜环境下要 30 天左右才会发根,完成第一轮根系要 60 天左右。用植物生长素(如萘乙酸、ABT 生根粉等)处理插穗,可提高生根能力。

按株行距要求把插穗直插或稍斜插入土中,露出叶柄,避免叶片贴土,叶片朝向应视扦插当季风向而定,必须顺风,从叶基到叶尖吹过,否则,母叶易受风吹而脱落,影响成活。边插边将土壤稍加压实使插穗与土壤密接,这样有利于发根。中小叶品种的扦插密度应大些,一般行距为 8~10 厘米,株距为 2 厘米左右,每亩扦插 20 万~25 万株;大叶品种扦插密度可小些,一般行距为 10~12 厘米,株距为 3~4 厘米,每亩扦插 13 万~16 万株。宜在晴天上午 10 时前和下午 3 时后进行扦插。

6.浇水、消毒

扦插完毕后将水浇足浇透,待叶面水稍干,用 70%甲基硫菌灵 700~800 倍液进行叶面喷施。

7.搭棚

遮阳棚分为高棚(180~200 厘米)、中棚(70 厘米左右)和矮棚(40~50 厘米)几种类型。高棚便于操作管理,在高温天气苗床温度要比矮棚低 4

摄氏度,可节省通风管理费用,但为了更好地控温控湿,棚内再搭设矮棚。常用的是竹弓弧形矮棚,用长 2 米左右的竹片,每隔 1 米左右,将竹片两端插入苗畦两侧的土中,形成中高 50 厘米的弧形。每亩需竹片约 500 根。棚外覆盖遮光率为 65%~75% 的黑色遮阳网。

8.苗圃管理

(1)水分管理。在未发根前,保持土壤及空气湿润极为重要。但是土壤水分过多,又影响土壤通气性,不利于插穗发根长苗。一般晴天早、晚各浇水 1 次,阴天每天 1 次,雨天不浇,大雨、久雨还要注意排水。发根以后,可每天浇 1 次,或隔数日沟灌 1 次,灌到畦高的 3/4,经 3~4 小时,即可排水。

(2)抗寒管理。为了增强插穗的抗寒性,减少杂草,可采用苗床铺草越冬技术。将稻草用 10% 的石灰水浸泡 5 分钟,捞出晒干,冬至前后把稻草铺于苗床畦面,以盖满畦面看不见扦插叶片为宜,每亩用稻草 200 千克,2 月上旬气温稳定在 0 摄氏度以上时,及时把稻草撤除。冬季寒冷茶区,需要在弧形矮棚遮阳网下铺厚度为 0.08~0.12 毫米的聚氯乙烯或聚乙烯无滴薄膜,并将薄膜四周边缘埋入土中成密封状态。

(3)通风管理。气温较高时棚内温度可高达 42 摄氏度,须及时通风,防止插穗叶片产生灼伤,晴天午间要细致观察。温度在 38 摄氏度以上时,应及时掀开大棚两端的薄膜进行通风散热,下午降温后应及时盖膜以保湿保温。

(4)施肥管理。开春后随着气温的逐渐升高,插穗不断发出新根,茶芽也开始萌发,此时需大量的肥水。第一次用浓度为 0.2% 的尿素溶液进行叶面喷施,从第二次开始用浓度为 0.5% 的尿素溶液进行喷施,每 10~15 天喷施 1 次,整个春茶期间喷施 4~5 次。在幼苗生长旺季,可按每亩 5 千克撒施尿素,并随后浇水冲淋。

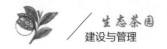
(5)揭膜与揭网。适时揭除薄膜与遮阳网,一般在4月上中旬将薄膜揭除,在5月中旬前后将遮阳网揭除。揭膜和揭遮阳网前要经过1周左右的炼苗过程。

(6)抗旱保苗。发生旱情时,要及时灌水或浇水抗旱。夏季如遇持续高温干旱,还需重新进行遮阳。

9.茶苗出圃与运输

茶苗一般在当年秋季或第二年春、秋季出圃。在久旱的情况下,取苗前1~2天对苗圃进行浇灌,可使根系在挖取时受到的损伤降到最低。茶苗出土后,按一定数量捆扎,必要时用草包或编织袋之类进行包装,标记品种名称。茶苗运输过程中,不要互相压得太紧,注意通气,避免闷热脱叶,防止日晒风吹。叶温应尽量控制在20摄氏度以下,以免叶片发热变红,如发现叶温过高,可用洒水等方法,使之降温散热。

二 容器育苗

容器育苗是指在各种容器中装入营养土或栽培基质来繁育苗木的一种育苗方法。所育的苗木称为容器苗。茶树容器育苗可以利用茶树种子或短穗来繁育茶苗(图1-4)。

图1-4 茶树无纺布网袋容器苗
(李叶云,2018)

与苗圃地扦插繁育裸根苗相比,容器苗具有以下特点:

(1)苗根系发达,根长增加,根重增加,而且苗高和茎粗亦都有不同程度的提高。

(2)有利于茶苗移栽。移植不受

季节限制,四季均可移栽种植。容器苗为全根、全苗移植,移植后没有缓苗期,生长快;移植成活率几乎可以达到100%。

(3)适宜机械化、规模化和工厂化生产与管理。

(4)成本高。比裸根苗高5~10倍。

(5)容器苗的运输体积较大,运输费用高。

容器育苗关键是容器的选择和营养土或栽培基质的配制,其他技术与管理和传统裸根育苗大致相同。下面就这两点做简要介绍。

1.容器的选择

育苗容器种类繁多,根据制作材料、规格大小、形状的不同,主要可分为两大类。一类是可栽植容器,其材质是可分解的,移植时可与苗木一起栽入土中。另一类是不可栽植容器,一般由塑料、聚乙烯等材料制成,移栽时必须将苗木从容器中取出,然后栽植。茶树繁育常用的容器有:

(1)直径为6~8厘米、高为15~18厘米的筒状塑料袋或塑料钵。

(2)直径为5~6厘米、高为10~12厘米的可降解的无纺布网袋容器。

(3)直径为6~7厘米、高为10~15厘米的林木育苗穴盘。

2.营养土或栽培基质的配制

营养土材料包括农林废弃物类和轻体矿物类两类。农林废弃物类主要指作物秸秆、树皮、锯屑、稻壳、食用菌废料等,使用前一般要经过粉碎、堆沤发酵或碳化、过筛、分类。轻体矿物类主要有壤质黄心土、塘泥土、炉渣、煤渣草炭、粗粒珍珠岩、蛭石等。营养土配方中农林废弃物类一般占30%~50%,轻体矿物类要占50%~70%。每立方米加腐熟粉状饼肥4~5千克和过磷酸钙2~3千克,充分拌匀后,配制成pH为5.5~6.5、既不松散又不黏结、水肥与气热性能良好的营养土。

茶树繁育常用栽培基质配方有:

(1)草炭:珍珠岩:蛭石=2:1:1(成浩等,2007;韩艳娜,2015)。

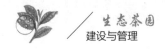

（2）草炭:珍珠岩=3:1（黎小萍等,2014）。

（3）草炭:珍珠岩=5:1（王雪萍等,2014;彭火辉,2013）。

（4）草炭:石英砂:珍珠岩=2/3:1:1（韩晓阳等,2010）。

（5）草炭:片麻岩:鸡粪=3:1:0.5（韩晓阳等,2010）。

基质灌装,用有底塑料薄膜容器时应分层轻压,直至装满为止;用无纺布网袋时可以进行机械化装填,经0.15%的高锰酸钾溶液浸泡杀菌,切成合适长度的小段,装入塑料托盘待用。育苗容器一般摆成宽1米、长8~10米、步道宽0.4米的高床,做到排列整齐、横竖成行、床面平整。用苗床步道上的土壤,先把苗床四周培好,再把容器间空隙填实,然后浇透水至容器中的营养土沉实。用复合肥作基肥的,应重复浇灌,以使复合肥颗粒溶解。

三 工厂化育苗

为了加快茶树育苗的进度,缩短育苗周期,加速茶树新品种推广,可进行茶树种苗的工厂化快速繁育(图1–5)。茶树工厂化育苗是指基于计算机环境控制技术与生物技术相结合的一种现代育苗技术,让植物的离体材料以穴盘为容器,以营养液或固体基质材料为基质,在完全或基本上人工控制的智能化的环境下,快速生根成苗。工厂化育苗一般需要在智能化温室中进行。温室主要由框架结构、加热系统、降温系统、喷灌系统以及光照调控系统等5部分组成,配置可移动式苗床,采用控制软件进行记录、监督和控制,实现育苗过程的光、温、水、肥、气的全智能化控制。

茶树工厂化育苗的环境控制如下:育苗基质相对含水量降到70%左右时进行浇水,空气湿度控制在60%~80%;夏季室温控制在35摄氏度以下、20摄氏度以上;春、秋季温室采用自然光照,夏季光照强烈时开启外

图1-5 茶树工厂化育苗(金孝芳,2018)

遮阳网减少光强 30%左右,冬季天黑后用人工补充光照,以光强为 4 000 勒克斯左右、光照时间超过 12 小时为宜,阴雨天也需要补充光照。

工厂化育苗可以进行一年双季育苗,春季 3 月中旬育苗,8 月份茶苗高度在 20 厘米左右,练苗后移栽成活率近 100%;秋季 8—9 月份育苗,冬季完成根系建立,开春后可长至 20 厘米以上高,练苗后移栽。

梁金波等(2009)采用"二段法"茶树工厂化快繁育苗技术,第一阶段用营养液水培,插穗基部形成愈伤;第二阶段转移到穴盘,进行容器育苗。此方法可将传统育苗周期缩短到 4~5 个月。

(四) 嫁接

嫁接繁殖应用于茶树的无性繁殖已有 20 年的历史, 主要用于老茶园改造换种。嫁接后接穗可利用砧木的根系吸收养分和水分,生长迅速,抗性强(图 1-6)。一年后的生长量能达到茶树改植换种 2~3 年的生长水平,成园快,缩短了茶树改植

图 1-6 老茶园低位嫁接 3 个月后的枝条(李叶云,2018)

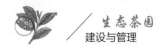

换种的幼苗培育期。嫁接繁殖是将一个植株的芽、枝等嫁接到另一个植株上，使其长成新的植株。接植者称"接穗"，被接者称"砧木"。后代性状的表现以接穗为主，也受砧木的影响，影响程度个体间存在差异。茶树主要采用低位嫁接，嫁接时期宜在5—10月份。

茶树嫁接主要技术操作过程如下：

(1)台刈剪(锯)砧：在离地10~20厘米处剪(锯)掉枝干，保证截面平滑，勿损伤皮层，并将剪下的枝条及时清理出园。

(2)削穗：接穗半木质化(棕红色)，带一健壮叶片和饱满腋芽，穗长3~4厘米，劈接削面长1.5厘米，呈两侧对称的楔形。

(3)劈砧接穗：用劈刀在砧木截面中心或1/3处纵劈深2厘米，接穗与砧木形成层紧密连接，外缘对齐，用嫁接膜绑紧。

(4)套袋保湿：用嫁接袋套住嫁接部位进行保湿(袋内最好有支撑物)，至新梢长至10~15厘米时去袋。

(5)搭网遮阳：搭小拱棚或高棚遮阳，遮阳网的遮光率以60%~70%为好。

(6)除草除萌：嫁接后应及时除草，抹除老丛萌发的新芽，施肥并防治病虫害。

(7)定型修剪：树长至40厘米高时，在离地20厘米处进行第一次修剪；次年树长至50~60厘米高时，在离地40厘米处进行第二次修剪。当年冬季可通过培土、地面覆盖等措施防冻。

(8)封行成园：通过轻采留养进一步扩大树冠，增加分枝密度，后期参照正常茶园管理。

第二章 ▶ 生态茶园建设与改造

▶ 第一节 生态茶园概念

　　生态茶园是指以茶树作为生态系统中的主要物种,按照社会、经济和生态效益协调发展要求,以生态学和经济学原理为指导,结合茶树生长规律,遵循生态农业的要求建设起来的茶园。建立生态茶园,可以提高生物圈内生命体间相互促进的能力,为茶树生长创造良好的生态环境,可以促进生态系统循环,使茶园内的物种更加丰富,能最大限度地提高茶树的光能利用率,促进茶叶产量和质量的双提高。

　　生态茶园必须建设一个生态系统工程,依据茶树的生物特性,采用立体复合栽培,茶木共生,保持原生态,茶园管理必须采用人工除草,禁止使用除草剂,施用农家肥、沼液等有机肥料。生态茶园生长环境、空气、土壤和水质必须为自然的原生态,同时茶园管理遵循生态学科要求,改梯壁锄草为割草回园、套种绿肥,使茶园达到保水、保肥的生态平衡目的。病虫草害防治应采用绿色防控技术,保持良好的生态环境以减少病虫草害发生。

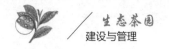
第二节　生态茶园建设基本要求

生态茶园建设,应坚持高标准、高质量要求,其基本内容是逐步实现茶树良种化、茶区生态化、茶园水利化、生产机械化、栽培科学化。

1.茶树良种化

要实现茶树良种化,必须做到如下两点:一是要根据当地生态条件及生产的茶类选择确定栽种的主要优良品种;二是要求种植进行良种搭配。不能单独种植纯一品种,要利用各品种的特点,取长补短,充分发挥良种在品质方面的综合效应。

2.茶区生态化

要求因地制宜、全面规划、统一安排、连片集中、合理布局、山水林路综合治理。提倡多种树木、花草,美化茶区生态环境。

3.茶园水利化

系统规划水利工程,搞好排灌系统,做到既能排灌又能蓄水,要求做到小雨、中雨水不出园,大雨、暴雨水不冲园,遇旱需水能进园,增强人为控制自然旱灾的能力,不能靠天吃饭。建园时,不要过度破坏自然植被,以控制水土流失。

4.生产机械化

要求做到生产各环节机械化,包括耕作机械化、施肥机械化、修剪机械化、采摘机械化、运输机械化。

5.栽培科学化

茶树栽培技术科学化,是指包括合理密植、改良土壤、施肥、水分管理、树冠培养、采摘、病虫草害防治等在内的栽培技术操作都必须遵照茶树生长发育的规律进行。

▶ 第三节　生态茶园建设方法

生态茶园(图 2-1)要求整个茶区符合"头戴帽、腰束带、脚穿鞋",禁止烧山开荒,尽可能保留原有植被。通过建立以茶树为主的复合型生态茶园,形成由茶树居中、上层乔木、下层草本经济植物的生态位,使光能和土壤营养得到充分利用,上层树木起到调控小区域温度、湿度、光热的作用,下层植物可改善土壤结构、提高土壤有机质含量,进而改善茶园生态环境,提高茶叶产量和品质。

图 2-1　生态茶园

一　生态茶园地址选择要求

1.生态环境

生态茶园的地址应选择具有良好的生态环境,空气清新、水质纯净、土壤未受污染,能够满足茶树生长需要的园地或山地。园地的空气、水质和土壤各项污染物的含量限值均应符合中华人民共和国农业行业标准

《无公害食品茶叶产地环境条件》(NY 5020—2001)的要求,尽量避开都市、工业区和交通要道。

2.土壤条件

茶树为深根作物。肥沃的土壤和深厚的土层有利于茶树根系的伸展从而充分吸收土壤营养,实现根深叶茂,增强茶树的抗旱、抗寒能力。一般坡度应小于25度,有效土层深厚疏松,耕作层较厚,心土层和底土层稍紧而不实,土壤结构良好,质地不过黏、过沙,既能通气透水,又能保水蓄肥,土层厚度要在1米以上(不含石灰或石灰含量低于0.5%);有机质含量在1%~2%,生物活性强,有效地下水位在1米以下;土壤质地以沙质壤土为主;酸性反应强烈,土壤pH为4.5~5.5。

3.气候条件

茶树生于亚热带,性喜温暖,气温低于10摄氏度时,茶芽停止萌发,处于休眠状态。茶树在日平均温度为15~30摄氏度、年平均气温为15~23摄氏度、年有效积温为4 000~8 000摄氏度、年降水量为1 500~2 000毫米、空气相对湿度为80%~90%、土壤相对含水量为70%~90%的环境中,生长良好。要求园地空气清新、水源清洁、周围植被等生态环境良好。在冻害严重的地区,应避免在坡顶和坡脚处种植茶树;在低洼处种茶,应选择耐寒性强的品种。偏南坡地能获得的太阳辐射量多,温度相对较高;偏北坡地能获得的太阳辐射量较少,温度相对较低。偏北坡茶园在冬季易受风雪冻害,南坡茶园需预防早春霜冻。

（二）生态茶园规划设计

园地规划要统筹安排、合理全面,土地利用要有远景规划和全局观点。在规划时要以现代农业为出发点,按照茶树良种化、茶区生态化、茶园水利化、生产机械化、栽培科学化的要求,根据实际情况做好勘察设计工作,针对区、块划分设置道路网、水利网、防护林、行道树等,使茶、林、道、渠有机结合起来,以治山、治水、治土为中心,实现山、水、园、林、路综合治理。从茶园外貌看,茶树成片,道路成网,园地成块,茶行成条,林木成行,区格分明,这些对于保持水土、涵养水源、增加湿度、调节气温、改变茶园区域气候、避免茶树遭受气象灾害等方面都有较好的作用。对于种植面积较大的茶园,还要规划好茶厂的建设用地、茶园与茶厂道路等,绘制出整块茶园规划图。茶场发展的总体规划要根据地形、地势考虑:远山、高山造林,近山、低山种茶,低平地、山沟种绿肥植物,低洼地挖水塘。在开垦之前,对所选择的基地进行整体规划时,如果是山地,植茶地块的坡度不宜超过25度,坡度大于25度的地块可以规划为防护林地或用于建设蓄水池、有机肥无害化处理池等;山顶应该留有一定的林地。

种茶地块以每块3~7公顷为宜。面积太小,容易造成道路分布过密,导致土地利用率低,而且行道树之间距离太近,遮阴度偏高,不利于茶树生长,同时也不便于机械化作业。但面积过大,也不利于茶叶生产资料和茶树鲜叶的运输。规划的植茶地块,以正方形或矩形为好,长、宽度要适合茶行的安排。以茶树行距1.5米计算,宽度以60~75米为宜,这样每个地块可以种植40~50行茶树,长度可以根据地形的实际情况决定,一般以50米左右为宜。

三 道路网络和行道树设置

种茶地块划分好后,接着合理布局道路网络和排灌网络。每块茶地之间布置支道,以便耕作机械和采茶机械等进出茶园。若干块茶地之间应该设置干道,与通向茶叶加工厂和办公所在地的主道相连,用于生产资料和鲜叶的运输。在考虑道路网络的同时,还要把行道树、排灌系统的用地留出。

1.主道

主道是茶树鲜叶生产基地通向茶叶加工厂和基地办公所在地的通道,茶树鲜叶生产基地内部是否设置主道,要根据茶园面积的规模来决定。总面积在 50 公顷以内的,可以在茶园的四周设置主道,一般不在茶园内部设置主道。总面积在 100 公顷以上的,要在中间设置主道。主道要内连作业区、外连公路,双边沟,双行树。主道的宽度应为 4~6 米,以能使 2 辆卡车或拖拉机顺利交错通行为宜。

2.支(干)道

支(干)道是茶树鲜叶生产基地内部连接茶园地块间与主道的通道,用于内部作业机械行驶,是运输肥料和茶树鲜叶的主要通道,也是茶园划分区块的界线,宽度为 3~5 米即可,要求每隔 300~400 米设 1 条,双边沟,双行树。

3.步道

步道是从支道通向茶园地块的道路,与茶行垂直,便于将肥料等生产资料向茶行运送,并将收获的茶树鲜叶向干道上的运输车辆运送。步道又是操作道,分横向道和纵向道,两条纵向道距离不能过大,以 50 米为宜,横向道以每 10~15 行茶树设置 1 条为宜,步道宽度以 1.5~2 米为宜。

4.防护林和行道树

安徽茶区由于夏季炎热、冬季寒冷,茶树容易受到热害和冻害。茶园合理种植防护林和行道树,有利于降低夏季茶园的光照度,提高空气湿度,并能阻隔冷空气、调节茶园小气候,降低旱害和热害、冻害,降低水土流失,保持土壤肥力,可为茶树的生长发育营造良好的生态环境;有利于幼龄茶树的移栽成活,提高成龄茶树新梢的持嫩度、提高产量、改善品质。对于绿色食品茶基地,防护林还有降低外界污染物通过空气向茶园内部传播的作用。

在以茶树为主体的茶园复合生态系统,建设上、中、下三层结构,即树木-茶树-绿肥植物(矮秆)。茶园内遮阴树,每亩种植乔木树8~10株,株行距10~12米;防护林应该布置在茶园的北面或西北面的山脊上,一般要求种植乔木树4~6行,行距2~3米,种植灌木树2~4行,行距2米;行道树在道路和沟渠两边呈"品"字排列种植,以每3~5米种植1株为宜。

对于高山且雾多的茶园,遮阳树不宜种植过多,以每亩5株为宜;推广机械化采茶是今后的发展方向,在茶行或茶园内部种植遮阳树不利于田间的机械化作业,所以在茶园的地块内部,即茶行中一般不提倡种植遮阳树。

关于树种的选择,要因地制宜,选择适宜本地栽种的速生优质树种,以抗风力强、深根、不与茶树争夺水肥、无共同病虫害、枝叶疏密适中的果树和经济树种为佳。茶园中的遮阳树种,可选择香榧、海南黄花梨、海棠果、沉香木、肉桂、铁刀木、银合欢、金合欢、香樟、樱桃、山海檀、神衰果、银杏、山苍子、天竺桂、油茶、水冬瓜、旱冬瓜等;空地及道路两旁的行道树种,可选择灯台树、香椿、香樟、苦楝、桂树、罗汉松、山茶树、杉木、澳洲坚果等,乔灌结合种植;防护林和山顶种植的树种,可选择柯子、杨梅、香樟、罗汉松、杉木、楠木、天竺桂等。

(四) 因地制宜,建立蓄、排、灌水利系统

根据茶树既喜湿又怕渍的生物学特性,茶园水利系统设置应统筹安排,合理设计,配套各种水利设施,以利于科学调配水利资源,做到遇涝能排,遇旱能灌,中雨小雨时水不出茶园,大雨暴雨时泥不出沟渠,避免水土流失。同时,将茶园水利系统与道路相连,实现路路相连、沟沟相通。

茶园蓄排水沟要求能蓄水保墒,保持水土,排除渍水,旱季引水入园,不妨碍机械作业;平地茶园要以排水为主,排蓄结合,坡地及梯地茶园要

以蓄水为主,蓄排结合。

水沟系统一般由截洪沟(防洪沟)、横水沟(竹节沟)、纵水沟(主沟)组成。

(1)截洪沟(防洪沟):在山坡茶地茶园外围上方或环园沟内侧设置,主要用于拦截山上洪水、杂草、泥石等物,不让其侵入茶园。沟深50~100厘米,宽40~60厘米,沟壁为60度倾斜。

(2)横水沟(竹节沟):主要用于减缓径流,截留表土,防止水从梯面漫出,避免冲刷。梯形茶园,设置于梯面内侧;山腰设有横向操作道的茶园,路的上方应设立横水沟。向上向下按一定距离设置,形成水利网。结合纵横向步道设置,一般沟宽30~40厘米、深20~30厘米,沟中每隔4~8米筑一坚实土埂,土埂略低于梯面(竹节沟)。

(3)纵水沟(主沟):主要用于排除园内多余水分,设置于各片茶园之间、道路两旁或园中地形地势低的积水线上。在平地茶园则作为引水沟、排水沟;在坡地茶园结合天然排水沟进行设置。与截洪沟、横水沟相连接,每200米左右设一条深50厘米、宽60厘米的沟。

▶ 第四节　生态茶园立体种植模式

这是一种以改善茶园微域生态环境,提高茶园单位面积产出为目标的时空结构型生态茶业建设模式。常见的复合种植方式有:

一　茶-防护林复合种植

即选择适宜当地种植的树种,如杉树、湿地松、泡桐、合欢、楹树等,在茶园周边及茶园内布置成带状或网状的防护林带,以调节茶园小气候,增强茶树抵御灾害性天气的能力。

二 茶–经果林间作

在茶园中按适宜的密度间作适生条件与茶树基本一致、与茶树共生互利、没有共同病虫害、分枝高、春季展叶迟、生长快、效益高的果树或经济林木,如梨、栗、猕猴桃、柿、橡胶、乌桕、山苍子、杜仲等,配置成乔–灌两层结构。经果林不仅具有防护林的生态效益,而且能增加茶园收益。据各地测定,茶–经果林间作的综合经济效益比纯茶园高 50%左右。

三 茶–草本作物套种

在茶树树冠覆盖度较小的幼龄茶园、台刈茶园和农村丛播稀植茶园中,套种具有固氮作用或经济效益高的草本作物,如花生、黄豆、蔬菜及中药等,形成灌–草两层结构,既具有增加地面覆盖、保持水土和改良熟化土壤、促进茶树丰产结构形成的作用,又能提高这类茶园的土地利用率,增加茶园收益。

四 茶–禽(鸡、番鸭)共生

成年茶园内,利用茶园隙地养鸡、养番鸭等禽类,还可以减少茶园病虫草害,增加茶园有机肥,疏松土壤,减少禽类饲料供给,降低饲养成本,提高肉质品位等。

茶园养鸡,应选择体型小、善于运动、对环境要求低的品种,以体重在0.25 千克左右、粗毛基本长齐丰满及活动自如的健雏为宜。茶园养鸡应该采用较低密度养殖。鸡放养密度一般以每亩茶园 80 羽左右,放置移动鸡舍 2~3 栋为宜。鸡对茎秆细、高度低于 35 厘米的杂草有一定的除草效果。

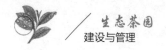
五 茶-食草动物共生

茶园养羊应采用网格圈养放牧,建围栏与配套羊舍,以每2亩茶园1头羊的密度放羊为宜,同时应辅助人工除草。茶园养羊应选择集中连片茶园,养殖管理人要具有一定的养殖技术,要备足越冬草料。茶园养羊能够很好地清除对茶园危害较大的杂草,特别是蕨类、蔷薇科、马齿苋科、十字花科等。

▶ 第五节 茶树种植技术

一 茶园开垦

1.开垦季节的选择

由于我国茶区春、夏季雨水较多,园地开垦时破坏了地面原有的植被和结构,容易造成水土流失,开垦工作应该避开春、夏雨季,而在秋、冬雨量较少的季节进行。秋、冬季开垦,在劳动力安排上,也可以缓和开垦工作与农作物种植工作争劳动力的矛盾。

2.地面清理

地面清理是指对地面原来生长的树木、杂草等进行垦伐。首先,按照之前制定的园区规划要求,将规划道路两旁已有的可以用于行道树的树木做好标记,留出不砍,直接作为行道树使用。这样,既可减少树木砍伐,保护生态,同时由于减少种植行道树所需要的树苗和培育工作,又可节省开支。此外,规划中作为防护林带的地段,要保留全部植被,其他地段的树木和杂草可以全部刈除。

操作时,首先砍除植株高大、可以作为建筑板材利用的乔木,然后刈除矮小的乔木和灌木。对于杂草,刈除后可以作为堆肥或烧焦泥灰的材料,充作茶园肥料;如果杂草数量不多,可以在开垦时将其翻入土层深处,用以提高茶园土壤有机质和肥力。在刈除植被以后,还必须将园地内部的乱石等清除干净。石块可以作为修建道路、水池、水沟等的材料。清理的深度应该达到地表以下1米。另外,如果发现园地内部有白蚁,必须采取相应的灭蚁措施加以消灭,以免今后茶树受到白蚁危害。

3.开垦技术

土壤是茶树生长的基础条件,开垦时无论坡地状况和土壤性质如何,必须实施深翻,以促进土壤风化,改善底层土壤结构。计划留出作为干道和支道的部分,可以不必开垦。一方面可以减少开垦工作量,另一方面可以让这部分土壤保持比较结实的状态,有利于今后道路建设。

茶园开垦标准,对于平地和坡度在15度以下的缓坡地,由下而上按横坡等高开垦(图2-2);对于坡度在15~25度的山坡,开垦内倾等高梯级园地(图2-3),其做法是,首先测定等高线,定出基线,划出纵向步道,然后划出等高线梯田基线,大弯随势,小弯拉直,最后开出等高梯级,挖内填外,梯级反倾斜。梯面宽按下式确定:

$$梯面宽(米)=种植行数×行距(米)+0.6(米)$$

将原来种植其他作物的耕地改为茶园时,可以在翻垦时直接平整并开种植沟。生荒地分初垦和复垦两次进行,初垦深度在50厘米以上,并清除柴根、杂物,在此深度有明显障碍层(如硬隔层、网纹层或犁底层)的土壤应破除障碍层。初垦阶段不必将土块打碎,以利于蓄水和土壤风化。初垦时,对于地面高低差异较大而不利于今后茶行布置和田间管理的地段,需要适当平整。复垦时,要求将土块打碎,避免下层土壤形成空洞影响今后茶树吸收水分而导致茶树生长不良。复垦深度为25~30厘米,但

要进一步清除前期未能除去的草根和树根。

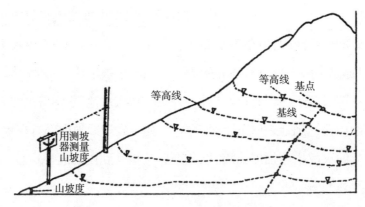

图 2-2　横坡等高开垦

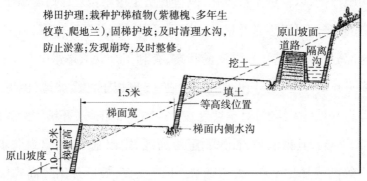

图 2-3　梯田开垦

二　移栽种植技术

1.种植规格和茶行布置

进行茶行布置时,首先要确定种植密度。合理的种植密度,能提高茶树对光能的利用率,加速茶树封行成园,提早投产期。实践表明,合理的种植密度,可使茶树速生快长,实现"第一年种植,第二年开采,第三年达到高产"的目标。种植方式主要有双行条栽和单行条栽。

双行条栽的种植规格是大行距 150 厘米,每行种植 2 排茶苗,小行距

33~45厘米,丛距26~33厘米。每丛种植2~3株茶苗,平均每亩需要茶苗5 300株。为了使茶树在茶园中形成更为均匀的空间分布,双行条栽种植茶园的排列方式,应使两小行的茶丛间形成"品"字交错排列。

单行条栽的种植规格是行距150厘米,丛距33厘米,每丛定植2~3株,每亩种植约3 600株。

还有的采用双行单株种植,种植规格是大行距150厘米,小行距35厘米,株距(穴距)25厘米,每亩需要茶苗3 600株。

寒冷地区,应适当提高种植密度,采取行距110~130厘米,丛距26厘米,每丛3~4株茶苗。半乔木型或树势高大,可适当降低种植密度,采取行距165厘米,株距40~50厘米。

种植密度和种植规格确定以后,接着要确定茶行在园地中的具体布置方式。茶行的布置,既要有利于水土保持,又要考虑适合机械化作业;既要便于经常性的田间作业,又要能使茶树充分利用土地的面积以及利于茶树的正常生长发育,以获得常年高产优质。通常情况下,坡地茶园的茶行应按等高线排列,这样有利于减少幼龄期雨水对土壤的冲刷作用。布置时,一般以横向排列的道路作为布置茶行的基线。茶行的长度按规划中的地块而定,原则上在每块茶园中整行排列,中间不断行,然后按规划好的规格用石灰画好种植沟线(图2-4、图2-5)。

2.开沟施基肥

肥料是茶树赖以生存的营养来源。茶树种植成活以后,生长的好坏受到土壤肥力的影响,但肥力的改进主要取决于施肥水平的高低。施肥水平高,土壤肥力提高也快。所以,种植前必须施足基肥,种植后要加强营养追肥,基肥对于今后茶树的生长,尤其是对于幼龄茶树的生长将起到十分重要的作用。

施基肥以前,应该先开好40厘米×40厘米的沟,然后将肥与土混匀

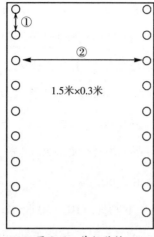

图 2-4 单行种植

图 2-5 双行种植

后填入沟中,再盖土至高于地面 10 厘米,以免种植茶苗时茶树根系与肥料直接接触,造成根系腐烂而影响茶苗成活。基肥的种类依当地的肥料来源而定,原则上以有机肥为主;如果用厩肥或堆肥等农家肥,每亩茶园用量在 2 000 千克以上;如果使用饼肥,用量为 200~400 千克/亩,并与 50 千克/亩的磷肥、钾肥拌和后施入。经 1~2 个月的腐解,待土壤下沉后方可整地,在沟上种茶。

3.茶苗移栽

影响茶苗移栽成活率的因素主要有三个方面,一是移栽季节,二是茶苗质量,三是移栽技术。

(1)移栽季节:茶树地上部生长休止、地下部根系生长相对旺盛的时期是茶苗移栽的最适宜季节。此时移栽有利于茶苗根系迅速恢复,提高茶苗移栽成活率。一般来说,秋冬、早春季节是移栽茶苗的最适宜季节,但不同地区的最适宜移栽季节也有所差异。

冬季气温较温暖、茶树不会出现冻害的地区,最好在秋末冬初的 10 月底至 11 月初移栽种植;定植以后,茶苗的根系在冬季过程中有足够的时间来进行恢复,待春季来临,茶苗即可进入正常的生长,这样次年的生长期较长,可形成较健壮的幼龄茶树。但冬季气温低的北部茶区、高山茶区,如果在秋冬季移栽,茶苗容易在冬季受到冻害,轻则生长延缓,重则成活率降低。这些地区必须在冬末初春的2月底至3月初移栽,虽然当年的生长量不如前一年秋冬季移栽的茶苗,但成活率容易得到保障。

(2)茶苗质量:首先取决于茶苗在苗圃地生长是否健壮,其次与起苗作业有关。茶苗的大小在起苗时已经无法改变,但起苗作业时带土多少则是可以控制的。在苗圃中,茶苗根系与土壤形成紧密接触,如果起苗不带土,会造成吸收根断裂脱落,影响茶苗生长。为了达到起苗带土、少伤根系的目的,起苗时间最好在雨后晴天的早晨或傍晚进行,这时土壤湿润,阳光较弱,可以减少茶苗的水分损失,保持茶苗的鲜活度,有利于移栽成活。

如果移栽时是无雨天气,应该在起苗前1天进行灌水,使土壤湿润。起苗时,如果发现有严重病虫害、品种变异不纯的劣苗,应及时弃去,以免与正常茶苗一起被移栽到新茶园中。如果茶苗需要经过长途运输,这时候很难做到让茶苗根大量带土,因此起苗时要注意尽量少伤根,并用黄泥浆蘸根,再用湿草包捆。运输过程中要防止苗木堆积过厚,否则容易发热造成落叶伤苗,影响茶苗成活。苗木运输到达目的地后,必须及时栽种定植,否则就要在排水条件良好的地方进行假植保苗。

(3)移栽技术:采用沟植法,开挖种植沟,并将种植沟内土壤浇湿。栽植茶苗时,在施好基肥并覆土的种植沟内放置茶苗,大小茶苗分别种植,使根系能自由伸展,深度以每株茶苗的根颈部与地面持平或略低于地面为宜。过深则引起根颈上方生长不定根,不利于下部根系生长;过浅又会导致根颈外露,根系吸收水分困难,而且容易被太阳晒干而影响成活率。

栽种时一手扶直茶苗,另一手填松软细土,分层将土填实。当填土至不露须根时,用一手轻提茶苗,使根系自然舒展,并以另一手按压四周土壤,使茶苗立稳,让土壤与根系紧密接触;然后继续填细土并压紧,直至茶苗根颈处为止。随即浇足"定根水",最后再覆一层松土至茶苗根颈处。水要淋到根部土壤完全湿润。对于定根水,不管晴天或阴雨天,一定要淋,因为新茶树根系与土壤间有很多空气,没有完全接触,根系吸取不了土壤中的水分。如果有条件,最好于浇水后在茶苗根颈两侧铺一层干草、稻草或秸秆等,提高保水效果,并剪去部分枝叶,以减少水分蒸发。所种植的茶苗的根颈离土表3厘米左右,根系离底肥10厘米以上(图2-6)。

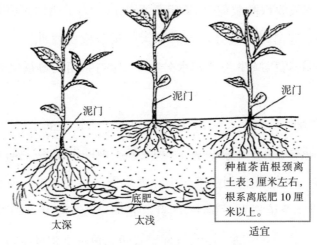

图 2-6　茶苗种植示意图

三 提高幼龄茶树种植成活率的技术措施

1.选择高质量的茶苗

无性系茶苗最好不要选择过小苗,也不要选择过大苗。小苗由于植株幼嫩,叶片角质层薄,蒸腾作用大,移栽后失水严重,且体内积累养分少,根系幼细,移植时断根损伤大,抗逆性差,不易成活;而大苗植株和根系均较大,移植时的修剪损伤大,或者在起苗时断根多,或者种植沟较浅,从而影响成活率。最好选用1.5~2年生的扦插苗,其基部主茎直径要求,大叶种在0.5厘米以上,中小叶种在0.3厘米以上。

2.及时种植,保证种植质量

茶苗运回后应放在阴凉处喷水保湿,要防止苗木风吹日晒、紧压堆闷,同时要及时种植,以保证苗木鲜活,否则茶苗会因失水导致活力下降而影响成活率。但种植必须保证质量,要按规格、按要求进行开小沟种植,如2天内不能定植的茶苗,应进行假植(即把茶苗暂时集中在无风、无积水的小面积土地上,把茶树根系埋在土壤中,并浇灌足够的水,使茶树成活);如果假植的时间较长,则必须选择避风阴凉、排水良好的地块,挖出适宜深度的沟,将苗木单株排列置于沟中,不重叠,且使根部舒展,培土踏实,每天淋水,保持土壤湿润,然后根据进度,边取苗边种植。

3.适当修枝

移栽完毕后,为减少水分蒸腾等,可酌情用整枝剪剪去部分枝叶,尤其是在茶苗枝叶繁茂或气候干旱的情况下移栽,修枝可起到提高成活率的作用。一般在已分枝部位以上留1~3叶剪。小苗剪后还应留有一定数量的叶面积,剪口要平滑,离邻近叶片着生处距离适度,一般为1厘米左右,不可太长或太短。

4.加强肥水管理

茶苗种植后能否成活,最重要的是水分管理。种植后必须进行淋水灌溉,要保持土壤湿润。根据气候条件,在干旱季节,种植后1周内,要求每天淋水1次,以后依次减少。淋水时间在每天下午或傍晚,不能在强光高温的中午淋水,必须淋透水,北面干风大,更应多淋水。雨天要做好排水工作,特别是大雨、暴雨后,不能让茶园内长时间积水。种植后约1个月,当新根发生时,应撒施1次速效肥,以后每隔2~3个月施1次水肥,并逐渐增加施肥量。

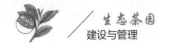

5.适度遮阳

茶苗耐阴性强,对光线较敏感,从苗圃移栽到大田,对光的适应性差,小苗由于植株幼嫩,叶片角质层薄,蒸腾作用大,容易烧伤。移栽后失水严重可采用遮阳方法,有条件的可搭建遮阳棚,也可用树枝叶遮阳。

6.根际铺草,保温、降温、抗旱保苗

茶树根际铺草(稻草或干草),冬季可保温,夏季可降低土壤表面温度,减少水分蒸发,提高土壤湿度,起到冬暖夏凉的效果。要求茶苗行两边空地全部铺好稻草或干草,厚度为2~3厘米,使茶园内基本上看不到裸露的表土。

7.浅耕除草,间种绿肥

浅耕可疏松表土层土壤,切断土壤毛细管,减少水分蒸发,起到保水作用。可防止春、夏季滋生杂草、病虫害等。在幼龄茶园内间种鼠茅草、豆科作物等绿肥作物,在起到遮阳作用的同时,也可减少茶园的杂草、水土流失,是一举多得的措施。

8.间苗、补苗

栽后进行定期检查,若发现缺丛缺株,在茶苗移栽季节要及时补齐,对于单丛多于3株茶苗的要进行间苗。

第三章　茶树树冠管理技术

茶树树冠管理技术是茶园管理中的主要栽培技术措施之一，根据茶树生长发育规律、外界环境条件变化和对茶园管理的要求，通过人为剪除部分枝条，改变茶树生长分枝习性，以促进营养生长，塑造理想树型，延长经济年龄，达到茶叶生产高产、稳产、优质的目的。

▶ 第一节　高产优质树冠模式

现阶段的茶叶生产水平表明，"壮、宽、密、茂"是优质高产茶树树冠的基础，具体表现在以下几点。

1.分枝结构合理

分枝层次多而清楚，骨干枝粗壮而分布均匀，采面生产枝健壮而茂密。茶树树冠呈扇形结构，而不是伞状的结构。自然生长的茶树到壮年期只有8~9层分枝，已基本固定，而经过修剪的8~9年生壮年茶树有12~14层分枝；离地50厘米以下的骨干枝，每丛有9~14条，枝干直径2~3厘米；离地50厘米以上、采摘层以下的骨干枝，每丛有15~25根，枝干直径平均为1.5厘米；树冠冠面每平方米有生产枝1 000个左右，产量进入高峰阶段。

2.树冠高度适中

茶叶产量的高低并不取决于茶树的高度,在达到一定高度之后,树冠高度继续增加无助于提高茶树对光能的利用,反而增加了非经济产量的物质消耗。因此,应将树冠控制在适当的高度,使之既利于水分和养分的运输,提高新陈代谢水平,又便于修剪、采摘管理作业。根据生产实践看,在长江流域,从四川到浙江的我国中部茶区,多栽培灌木型中小叶种或少量种植乔木型大叶种,茶树生长量已不及南方,通常培养成80~90厘米的中型树冠,高度宜控制在60~80厘米。新植的矮化密植茶园和我国北方茶区,由于矮密依靠主枝密度取得产量和北方抗寒冻的特殊需要,这些茶园多培养成50~70厘米的低型树冠。

3.树冠广阔,覆盖度大

高产优质的树冠应具有宽大的采摘面,在控制适当高度的前提下,尽可能扩大树冠幅度,使高幅比达到1:(1.5~2.0),树冠有效覆盖度达到90%的水平(图3-1、图3-2)。树冠间距在20~30厘米,以作为采摘或其他管理作业的操作道。如果树冠幅度过宽,超过茶树枝条延伸最佳值,则不能孕育粗壮芽叶,也不便于采摘;如果树冠幅度过窄,则采摘面小,难以实

图3-1 立体采摘茶园　　　　　图3-2 平面采摘茶园

现高产,且土地利用不经济,裸露地面积大,水土冲刷情况严重。

4.叶层厚度适当

如叶层厚度过薄,光能利用率不高,物质积累少,往往容易引起茶树未老先衰,持续高产时间不长;如叶层过厚,一方面是大量的老叶消耗过多的养分、水分,另一方面是导致通风透光条件不佳,影响群体光合作用能力,容易滋生病虫害。一般中小叶种高产树冠面应有 10~15 厘米的叶层厚度,大叶种枝叶较稀,应有 20~25 厘米的叶层厚度。以群体叶面积而论,叶面积指数应以 4~5 为优。

▶ 第二节　培养树冠的方法和程序

修剪是培养树冠的关键措施,但培养高产优质树冠绝不是仅仅依靠修剪这一种技术措施就能完成的。修剪是对茶树的一种刺激,要充分发挥它的作用,必须配合合理的采摘和土、肥、水、保等技术措施,才能达到塑造树冠,实现高产优质的目的。修剪主要有三种形式:一为奠定基础的修剪——定型修剪;二为冠面调整、维持生产力的修剪——轻修剪、深修剪;三为树冠再造的修剪——重修剪和台刈。

一　茶树的定型修剪

(1)目的:促进侧芽萌发,增加有效分枝层次和数量,培养骨干枝,形成宽阔健壮的骨架。

(2)对象:幼龄茶树或衰老茶树改造后的树冠。

(3)时期:二足龄至四足龄茶园春茶前或雨季前进行。

(4)修剪次数:常规茶园一般进行 3~4 次。

（5）修剪方法：

第一次定型修剪：一般当茶树苗高 30 厘米以上，离地表 5 厘米处茎粗超过 0.3 厘米，最好有 1~2 个分枝时即可开剪（图 3-3）。对于正常出圃达到上述要求的无性系茶苗，第一次定型修剪在茶苗移栽后立即进行，但对于生长较差或苗高仅为 20 厘米左右的茶苗，移栽时打顶，第一次定型修剪推迟到次年春茶前（经 1 年生长后）进行。第一次定型修剪的高度以离地面 15~20 厘米为宜。修剪时，用整枝剪只剪主枝，不剪侧枝；剪口应向内侧倾斜，尽量保留外侧的腋芽，使发出的新枝向外侧倾斜，剪口要平滑，以利愈合。

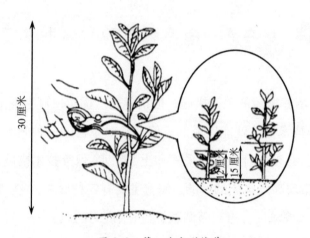

图 3-3　第一次定型修剪

第二次定型修剪：一般在上次修剪 1 年后进行，修剪高度在上次剪口上提高 10~15 厘米，即离地 25~30 厘米处修剪。若茶树生长旺盛，树高有 55~60 厘米时，也可提前进行（图 3-4）。这次修剪可用整枝剪按修剪高度剪平。修剪时间以春茶前进行为宜，但对于土壤肥力较高、长势旺盛的茶树，也可在第一批春茶打顶采摘后进行，以提高茶园的经济效益。春茶打顶只采离地 30 厘米以上的新梢，30 厘米以下的新梢坚决保留。做不到这一点的应在春茶萌动前进行第二次定型修剪。

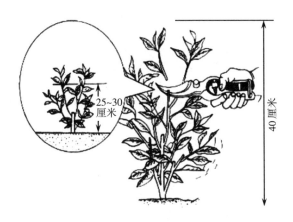

图 3-4　第二次定型修剪

第三次定型修剪：在第二次定型修剪 1 年后进行，若茶苗生长旺盛，同样可提前进行。修剪高度在上次剪口基础上再提高 10~15 厘米，即离地 40 厘米左右用绿篱剪将蓬面剪平即可（图 3-5）。对于生长较好的茶树和采摘名优茶的地区，可在第一批春茶采摘后，再进行第三次定型修剪，夏茶打顶养蓬。

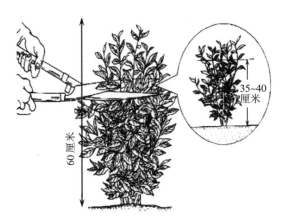

图 3-5　第三次定型修剪

幼龄茶树经过 3 次定型修剪后，茶树高度为 50~60 厘米，树幅为 70~80 厘米，树冠迅速扩展，已具有合理的骨架，即可适当轻采留养，采摘时留大叶 2 片，以继续增加分枝，待树高在 70 厘米以上时，即按轻修剪要求培养树冠。

二 茶树的整形修剪(主要用于成年茶树)

茶树的整形修剪主要有轻修剪(浅修剪)和深修剪(回剪)。

1.轻修剪

轻修剪,剪去树冠表层3~5厘米的枝叶,主要是用于每年茶季结束后进行的一种修平方法。轻修剪可分为秋剪和春剪,秋剪是在每年茶季结束后即10月上旬或11月上旬进行,春剪是在春茶后进行。在气候温暖的南部茶区,秋剪应迟,春剪应早;在气候较寒冷的中北部茶区,秋剪应早,春剪应迟。在温暖的茶区,秋剪可使来年春茶早发,开采期早且可增加春茶采摘批次。

(1)目的:培养和维持茶树树冠面整齐、平整,调节生产枝数量和粗壮度,便于采摘、管理。使发芽基础一致,刺激腋芽生长。

(2)方法:①修平,是将茶树树冠面上突出的部分枝叶剪去,整平树冠面,修剪程度较浅;②修面,普遍剪去生长年度内的部分枝叶,程度稍重。修剪高度,在上次剪口上提高3~5厘米。

(3)周期:对于生长势较旺盛、采摘不及时、留叶较多的茶树,宜采用年年剪;对于生长势较弱、留叶少、采摘及时、树冠面平整的茶树,可行隔年剪。

(4)形状:高纬度地区、发芽密度大的灌木型茶树,以修剪成弧形采面为好;生长在较低纬度地区的乔木、半乔木茶树,发芽密度小、生长强度大,以修剪成水平采面为好。

2.深修剪

深修剪,剪去树冠上层15~20厘米的枝叶,即剪去绿叶层的1/3~1/2,要求将结节枝、鸡爪枝全部剪去,保留比较粗壮均匀的枝条(图3-6)。深

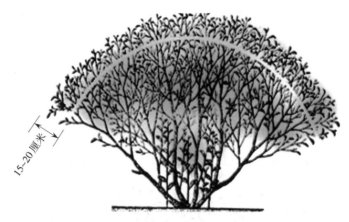

图 3-6 深修剪

修剪可以促使茶树上部树冠复壮。

修剪时期:大体上每隔 3~5 年进行一次深修剪。一般在树体内贮藏物质第二高峰期——春茶后进行,这样可以保证春茶的收获。深修剪由于剪去较大部分的树叶,发芽季节会大大推迟,而且需要用头轮茶留养、末轮茶打顶采摘的方法,因此,修剪后对产量的影响很大。

三 茶树的更新复壮修剪

茶树的更新复壮修剪,包括重修剪及台刈两种方法,主要用于衰老茶树的更新复壮。衰老的茶树经过多年的采摘和各种轻、深修剪,上部枝条的育芽能力逐步降低,即使加强肥培管理和轻、深修剪也不能得到良好的效果,表现为发芽力不强,芽叶瘦小,对夹叶生育能力弱、开花结实量大,根颈处不断有更新枝(俗称地枝、徒长枝)发生。对于一些因常年缺少管理,生长势尚强,但树体太高,不采取较重程度的修剪办法已不能压低树冠,严重影响日后生产管理的茶树,也都采用这一修剪方法。

1.重修剪

(1)方法:改造树冠采面下的分枝,保留骨干枝。

(2)目的:更新衰老茶树的上部几层枝条,重新培养树冠。

(3)对象:树冠衰老,但骨干枝及有效分枝仍有较强的生育能力,或树冠上有一定绿叶层,但上部枝条衰弱、幼弱枝条稀疏的茶树。

(4)程度:修剪程度应视茶枝衰老程度而定,一般要求剪去树高的1/2或略多一些,即从离地30~40厘米处修剪(图3-7),对于低矮茶树品种拦腰剪(剪1/2),对于高大茶树则留树冠40厘米左右。对于枝条稀少、枯死多、病虫害严重较衰老茶树,可重剪;对于树龄尚不老、分枝尚可的,可稍轻剪。

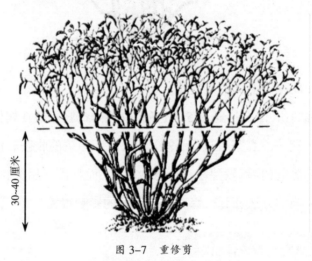

30~40厘米

图3-7　重修剪

2.台刈

(1)方法:将地上部分树冠全部剪截,剪后只留树桩。

(2)目的:彻底改造衰老茶树的树冠,促使茶树复壮。但台刈后会影响初期一两年的产量,所以树势不是十分衰老的则不宜采用。

(3)对象:树势十分衰老的茶树。此类茶树丛内枯枝多,枝干呈灰褐色,地衣苔藓多,芽叶稀少,产量与品质都处于最低水平,即使采用重修剪也不能恢复树势。

(4)程度:台刈程度视茶树品种和长势而定,乔木型大叶种茶树留树桩宜高,一般为5~10厘米(图3-8),灌木型中小叶种茶树可离地小于5厘米或平地剪去。留桩高,萌发的新枝多而细;留桩低,萌发的新枝少而壮。

5~10厘米

图 3-8　台刈

（5）要求：台刈切口要求平滑，适当倾斜，可防止积水，树桩不能撕裂。

（6）时期：5月中旬至7月中旬进行，剪后2个月内可发新梢5~30个，在其中选留壮枝3~4个，经2~3次定型修剪后投入采摘。台刈后必须经过1年以上的封园蓄养。

▶ 第三节　修剪后的管理

一　肥水管理

剪前要深施较多的有机肥料和磷肥，剪后待新梢萌发时，及时追施催芽肥，即所谓的"无肥不改树"。

二 采、留相结合

定型修剪茶树,要多留少采,做到以养为主,采摘为辅,实行打头轻采。深修的成龄茶树,需经 1~2 季留养,再进行打头轻采,逐步投产。重修剪、台刈更新后的茶树,一般要经 2~3 年的打顶和留叶采摘后,才正式投采。

三 注意病虫害防治

对于为害嫩梢新叶的芽枯病、茶蚜、茶小绿叶蝉、茶尺蠖、茶细蛾、茶卷叶蛾、茶梢蛾等,必须及时检查防治;对于衰老茶树更新复壮时刈割下来的枝叶,必须及时清出园外处理,并对树桩及茶丛周围的地面进行一次彻底喷药,以消除病虫的繁殖基地。

第四章

茶园土壤管理技术

▶ 第一节　土壤覆盖技术

一　土壤覆盖的优点

首先,茶园土壤覆盖可以抑制杂草生长。

其次,茶园土壤覆盖可以减缓地表径流速度,促使雨水向土层深处渗透,既可防止地表水流失,又可增加土层蓄水量,起到保水抗旱的作用。

再次,茶园土壤覆盖可以增加土壤有机质,有利于土壤内生物的繁殖,提高土壤肥力。

最后,茶园土壤覆盖还可以稳定土壤的热变化,夏天可防止土壤水分蒸发并起到降温作用,具有抗旱保墒作用,冬天可保暖防止冻害,促使春茶早发。

二　覆盖材料的选择和处理

覆盖的有机物料:如山草、稻草、麦秆、豆秸、绿肥、蔗渣、薯藤等(图4-1)。

山草处理方法:一是暴晒,二是堆腐,三是消毒。

图 4-1　茶园铺草、盖防草布及种草

三　铺草的时间和方法

全年都可进行铺草,要按照以下两个原则进行操作。

(1)每年在高温干旱前或霜冻到来之前铺草,这样做可以起到防高温或防冻作用。

(2)选择草量多的杂草,且在其开花而又未结实或种子尚未成熟时进行。

南方茶区:由于夏季高温,可在春末或夏初铺草,以降低即将来临的高温的影响。

北方茶区:由于冷冻严重,可在秋末铺草以防严冬冻害。

其他茶区:夏季高温干旱严重、冬季冻害较小的茶区,可在8—9月份铺草,这时杂草生物量多,种子尚未成熟,铺草效果好。有条件的地方可进行2次或3次铺草,即春末、盛夏、秋末均可进行。

四　铺草要求及注意事项

(1)铺草前先耕锄1次,提高土壤保水力。

(2)铺草要均匀,厚度为8~12厘米,每亩30~50担。

(3)坡地茶园应将铺草横着坡向铺放,既可抑制径流水,也可防止杂草下滑堆积下层。

(4)不能将杂草已成熟的种子带入茶园,以免增加杂草生长量。

(5)对茶树生长抑制强的杂草,不宜作为铺草草料。

▶ 第二节　耕作松土技术

一　耕作松土的作用

茶园不同于大田,对其耕作松土有利也有弊。利表现在以下几个方面:

(1)疏松土层,防止表土板结,增强通透性,提高土壤渗水透气能力,有利于根系生长。对于衰老茶树,耕作松土还能起到使根系更新的作用。

(2)把肥力较高的表土、杂草和枯枝落叶翻入下层,把下层生土翻到表面,经过风化,促使土壤不断熟化,可提高土壤肥力。

(3)铲除杂草,把下层土中的虫卵、虫蛹翻到表层使其经日晒、结冻而死亡,把表土中的虫卵和草籽翻入地下,可减少虫害和草害。

但是,耕作松土也有负面作用,主要表现在以下几个方面:

(1)耕作松土后通气性增强,加速土壤有机质的分解和消耗,使茶园本来肥力就不高的土壤中的有机质含量更低。

(2)耕作松土后由于土壤疏松,土壤之间的黏结力降低,土壤冲刷量增加。

(3)耕作松土引起伤根,给茶树生长带来直接的不良影响。

所以,茶园耕作松土时,方法要科学合理,恰当处理好利弊关系,做到扬长避短,以充分发挥耕作的良好作用。

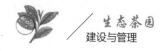

二 土壤耕作技术

茶园耕作的主要内容包括浅耕中耕、深耕两种。此外,还有实行免耕的。操作时应注意以下问题:

(1)应当选择晴天或雨后土壤稍干时进行耕作,土壤过湿或过干,会破坏土壤结构,费工费力且容易伤根。

(2)耕作时注意茶行中间处稍深,靠近茶根处稍浅。

(3)深耕时间必须在秋茶结束后及早进行,宜早不宜迟。长江中下游广大茶区以9月下旬至10月下旬为宜。

(4)对于长期铺草、杂草很少的茶园,因土壤比较松软,浅耕次数可以大大减少,只要每年结合施基肥或埋草进行深耕即可。

1.浅耕、中耕

浅耕、中耕是指深度不超过15厘米的茶园行间土壤耕作,在生产季节进行,一年可多次,结合追肥进行。

(1)作用:①破除土壤板结,改善通气透水状况;②灭杂草,减少土壤水分、养分消耗;③春耕后地温回升快,有利于春茶提早萌发。

(2)时间与方式:

时间:春茶前(2月中旬)、春茶后(5月下旬至6月下旬)、夏茶后(7月中旬)。

浅耕:耕作深度为10厘米以内,除草结合施肥。每年进行3~5次,即在3月份施催芽肥时耕作1次,5—6月份施用夏肥时耕作1次,7~8月份除草1次,且趁杂草种子还未成熟时施1次秋肥,除草浅耕。对幼龄茶园除草,苗旁杂草用手拔除,除草仅在行间进行,以免损伤幼苗。

中耕:耕作深度为10~15厘米,主要在春茶之前进行。

2.深耕

（1）作用：①改善土壤的物理性质，可减轻土壤的容重，增加土壤孔隙度，提高土壤蓄水量；②加深和熟化耕作层，加速下层土壤风化分解，将水不溶性养分转化为可溶性养分。

（2）程度：深耕的程度主要视茶树根系在土壤中的分布状况，并依据茶园管理水平、种植方式、品种、树龄而定。管理水平高或长势好的茶园，可以浅耕或免耕。条栽密植茶园，行间根系分布较多且较浅，不能年年深耕。对于疏植茶园、丛栽茶园，深耕程度可深些，一般掌握在 25~30 厘米。大叶种根系分布较深可深耕，而中小叶种则可适当浅些。幼龄茶园宜浅耕，老龄茶园可深耕。

深耕时可能会大量损伤茶树根系，暂时不同程度地影响茶树的生长，一般对于行间空隙较大的茶园，深耕是必要的。但对于密植茶园，由于树冠郁闭、落叶层厚、土壤松软、杂草稀少，一般不深耕，可以在结合树冠改造时进行深耕。

深耕时间大致在 8~9 月份，一般在秋季茶园停采后，根系活动旺盛时，结合施基肥进行深耕，俗称"七挖金、八挖银"。

耕锄方法：平地茶园在茶行中间耕锄，坡地茶园在茶行上方耕锄，梯式茶园在茶行内侧耕锄，一般顺坡横向进行，切勿从上往下纵向耕锄。

位置：茶行外围垂直投影位置。

第三节 茶园高效施肥技术

一 茶园施肥原则

肥料是茶树优质高产高效的基础。肥料的种类、施肥时间与施肥量直接影响到名优茶的产量和质量。茶园施肥遵循"一深、二早、三多、四平衡"的原则。

1.一深

就是施肥深度要适当加深。因为茶树是深根系作物,根系还有明显的向肥性,所以施基肥必须把茶树根系引向深层、扩大根系活动范围与吸收容量,以提高茶树在逆境条件下的生存能力,确保其安全越冬。切忌撒施,否则遇大雨会导致肥料因径流而损失,遇干旱会造成大量的氮素因挥发而损失,还会诱导茶树根系集中在表层土壤,从而降低茶树抗旱和抗寒的能力。

2.二早

(1)基肥要早施。基肥施用时期应适当提早。有机茶园的基肥主要是有机肥,必须适当早施,以使肥料在土壤中早矿化、早释放,满足茶树对养分的需要。早施基肥有利于茶树抗寒越冬和春茶新梢的形成和萌发,有利于名优茶产量和质量的提高。

(2)催芽肥要早施。这样可以提高肥料对春茶的贡献率。据试验,春季追肥早施1个月,春茶产量可增加11%。施催芽肥的时间一般要求比名优茶开采期早30~40天,如长江中下游茶区应在2月份施用。

3.三多

(1)肥料的品种要多。不仅要施氮肥,而且要施磷、钾肥和镁、硫、铜、锌等中微量元素等,以满足茶树对各种养分的需要和不断提高土壤肥力水平。

(2)肥料的用量要适当多。根据土壤理化性质、茶树长势、预计产量、制茶类型和气候等条件,确定合理的肥料种类、用量和施肥时间,实施茶园平衡施肥,防止茶园缺肥或过量施肥。

(3)施肥的次数要多。要求做到"一基二追",春茶产量高的茶园,可在春茶期间增施一次追肥,以满足茶树对养分的持续需求,同时减少浪费。

4.四平衡

(1)有机肥和无机肥平衡。既满足茶树生长需要,又改善土壤性质。基肥以有机肥为主,追肥以化肥为主。

(2)氮、磷、钾肥与中微量元素平衡。茶树是叶用作物,需氮量较高,但同样需要磷、钾、钙、镁、硫、铜和锌等其他养分,只有平衡施肥,才能发挥各种养分的效果。要求氮、磷、钾肥的比例为(2~4):1:1。

(3)基肥和追肥平衡。一般要求基肥占总施肥量的40%左右,追肥占60%左右,以满足茶树年生长周期中对养分的持续需求。

(4)根部施肥与叶面施肥平衡。这样可充分提高茶园肥料的效果。

二 施肥方法

1.茶园基肥

基肥是指在每年茶树地上部停止生长之后所施肥料,用于保证入冬时根系活动所需要的营养物质,为翌年茶芽萌发提供养分。基肥的施用时间主要取决于茶树地上部停止生长的时间,一般在地上部停止生长后立即施用,宜早不宜迟。基肥应在10月上、中旬施下。南部茶区因茶季

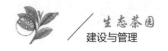

长,基肥施用时间可适当推迟。

施肥位置:①1~2 年生茶树,在距根颈 10~15 厘米处开宽约 15 厘米、深 15~20 厘米、平行于茶行的施肥沟施入;②3~4 年生茶树,在距根颈 35~40 厘米处开宽约 15 厘米、深 20~25 厘米、平行于茶行的施肥沟施入;③成龄茶园,沿树冠边缘正下方位置开沟深施,沟深 20~30 厘米;④坡地或窄幅梯级茶园,要施在茶行或茶丛的上坡位置和梯级内侧方位,以减少肥料的流失。(图 4-2)

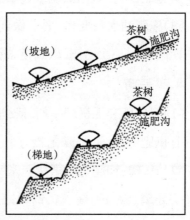

图 4-2 茶园施基肥位置图

所施肥料以有机肥为主,适当配施磷、钾肥或低氮的三元复合肥。对于生产茶园,基肥中的氮肥占全年氮肥用量的 30%~40%,磷肥和中微量元素可全部作为基肥施用;钾肥、镁肥用量不大时也可作为基肥,用量大时,部分作为基肥,部分作为追肥。一般每亩施饼肥或商品有机肥 100~200 千克或农家有机肥 1 000~2 000 千克。根据土壤条件,配合施用 20~30 千克茶树专用肥和其他所需营养。

2.茶园追肥

追肥是指在茶树地上部处于生长时期所施的速效性肥料,用于不断补充茶树生长发育过程中对营养元素的需要,以进一步促进茶树生长,达到持续高产稳产目的。

追肥一般分三次进行。第一次追肥(催芽肥)于每年茶树地上部分恢复生长后施用,施用时期以越冬芽鳞片初展期最好,一般以开采前 30~40 天为宜。第二次追肥在春茶结束后或春梢生长基本停止时进行,以补充春茶的大量消耗和确保夏、秋茶的正常生育,保证持续高产优质,长江中下游茶区一般在 5 月下旬前追施。第三次追肥是在夏季采摘后或夏梢基本停止生长后进行,一般为 7 月下旬。对于气温高、雨水充沛、生长期长、萌芽轮次多的茶区和高产茶园,需进行第四次甚至更多的追肥。每轮新梢生长间隙期都是追肥的适宜时间,在茶叶开采前 15~30 天开沟施入。

施肥位置:对于幼龄茶树,施肥穴与根颈处的距离,1~2 年生茶树为 10~15 厘米,3~4 年生茶树为 15~20 厘米;对于成龄茶树,沿树冠边缘正下方开沟施入。

开沟深度根据肥料类型不同也有所不同。移动性小或挥发性强的肥料如碳酸氢铵、氨水和复合肥等,应深施,沟深 10 厘米左右;易流失而不易挥发的肥料如硫酸铵、尿素等,可浅施,沟深 3~5 厘米,施后及时盖土。

3.茶树叶面肥

叶面肥是根部施肥的一项辅助性措施。叶面肥的作用特点为:①可排除土壤对肥料的固定和转化;②见效快,对于缺肥症,喷施后迅速见效;③能与除虫剂、生长素配合施用,方法简便。

施肥位置:以喷洒叶片背面为主。因为茶树叶片正面蜡质层较厚,而背面蜡质层薄,气孔多,一般背面吸收能力较正面高 5 倍。

喷施时间:晴天宜在傍晚,阴天可全天喷施。在茶叶采摘前 10 天应停止使用。

喷施次数:微量元素及植物生长调节剂,每季喷施 1~2 次,芽初展时喷施较好;大量元素,每 7~10 天喷施 1 次。

喷施浓度:稀释 800~1 200 倍,采用低容量喷雾。

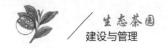

4.茶园水肥一体化研究与应用

茶园水肥一体化是将灌溉与施肥融为一体的农业新技术，由给土壤施肥变为给作物施肥，借助压力灌溉系统，将肥料溶解在灌溉水中，利用管道将灌溉水均匀、准确地输送到茶树根部土壤，同时进行灌溉与施肥，适时、适量地满足农作物对水分和养分的需求，实现水肥同步管理和高效利用。

第五章

茶叶采摘技术

茶叶采摘好坏,不仅关系到茶叶质量、产量和经济效益,还关系到茶树的生长发育和经济寿命的长短,所以,在茶叶生产过程中,茶叶采摘具有特别重要的意义。茶叶采摘的方法主要有两种,即手工采茶和机械采茶。

第一节　手工采茶技术

一 技术要求

1.按标准及时采摘

按标准及时采摘,就是及时采下达到采摘标准的芽叶或同等嫩度的对夹叶。及时采下的芽叶的质量相对较好,且打破了顶端优势,加速腋芽和潜伏芽萌发,促进新梢轮次增加,使得采摘间隔期缩短,可提高全年茶叶的产量和品质。

确定采摘适期的方法如下:

(1)根据有效积温推测。

(2)根据生产经验确定。各地生产大宗红、绿茶以有 10%~15% 的新梢符合采摘标准时即应开采,开采后 10 天左右便可进入旺采期。在旺采期内,每隔 2~3 天采一批。

2.采摘要求

（1）嫩度：一般根据鲜叶的芽头（大小、肥瘦、数量）、叶张（开展程度）、老叶或单片叶及一芽三叶或四叶的老化程度和数量来确定。鲜叶结构组成如图 5-1 所示。

（2）匀净度：即鲜叶老嫩是否匀齐一致，这是反映鲜叶质量的一个重要标志。匀净度差主要体现在：①老嫩混杂；②品种混杂；③雨水叶和非雨水叶混杂；④新鲜芽叶与劣变叶混杂；⑤夹带有茶果、隔年老叶、泥土及其夹杂物。采摘茶叶时严禁"大小老嫩不分，眉毛胡子一把抓"。

第一叶　芽

鱼叶

鳞片

图 5-1　鲜叶结构组成

（3）新鲜度：茶叶采下后要及时加工，尽量缩短鲜叶摊放时间（最长不宜超过 16 小时）。茶叶变质表现为：①出现红变叶、红梗等；②产生浓浊气味，如酒气味或腐烂气味；③叶温增高。

3.分批多次采摘

茶树因品种、树势和新梢生长部位不同，发芽时间也不同，合理分批采摘就是要做到先发的先采，后发的后采，先达到采摘标准的先采，未达到标准的不采，从而保证所采摘的芽叶整齐、大小均匀。春茶 2~3 天采一批，分 7~10 批采；夏茶 3~4 天采一批，分 5~8 批采；秋茶 6~7 天采一批，分 7~12 批采。若是用一芽一叶幼嫩原料制作高级名优茶，就需要每天都进行采摘。

4.依树势、树龄留叶采

（1）留鱼叶采摘法（图 5-2）。这是成年茶园的基本采摘法，适合名优茶和大宗红、绿茶的采摘。采摘方法是等新梢长至一芽一叶、二叶或三叶

图 5-2　留鱼叶采摘法

时,只留下鱼叶采。

(2)留真叶采摘法(图 5-3)。这是采养结合的采摘方法。既注重采,也重视留。一般待新梢长至一芽三叶或四叶时,以采摘一芽二叶为主,兼采一芽三叶,留下一两片真叶在树冠上不采。但遇二叶或三叶幼嫩驻芽梢时,则只留下鱼叶采摘,强调采尽对夹叶。

图 5-3　留真叶采摘法(留一叶、留二叶)

(3)打顶采摘法(图 5-4),又称打头、养蓬采摘法。这是一种以养为主的采摘方法,适用于扩大茶树树冠的培养阶段,一般在 2、3 龄的茶树或更新复壮后 1~2 年时采用。在新梢长到一芽五叶或六叶以上,或者新梢将要停止生长时,实行采高养低,采顶留侧。摘去顶端一芽一叶或二叶,留下新梢基部三四片以上真叶,以进一步促进分枝,扩展树冠。

（4）留叶组合模式：理想模式为夏留一叶，春、秋留鱼叶采。这种采摘模式的产量、品质均好，且能高产稳产，但树势比春留一叶或二叶者差。春季多采少留，产量较高，并能为以后各季茶芽萌发、刺激腋芽多发创造有利条件。为了使在春季采摘所受到的创伤能迅速恢复，同时由于夏季气温高、

图5-4　打顶采摘法

光照强的特点，在夏梢上应少采多留，留一两片真叶在梢上，可补充春季留叶的不足，并为秋梢和翌年春梢生长打下物质基础。

二 手采方式

1.折采

左手接住枝条，用右手的食指和拇指夹住细嫩新梢的芽尖和一两片细嫩叶，轻轻地用力将芽叶折断采下。打顶采、细嫩标准采时应用此法，但采摘量少，效率低。

2.提手采

掌心向下或向上，用拇指、食指配合中指，夹住新梢所要采的部位向上着力采下投入茶篮中。此法为手采中最普遍的方式，现大部分茶区红、绿茶的适中标准采摘大都使用此法。

3.双手采

两手掌靠近于采面上，运用提手采的手法，两手相互配合，交替进行，把符合标准的芽叶采下。双手采效率高，每天每工少的可采15~20千克，多的可采35~40千克。

第二节　机械采茶技术

在茶园生产中,采茶占整个劳动力用量的 60% 左右。在春茶"洪峰"期,因采摘不及时而造成损失的屡见不鲜。

机械采茶的效率比手工采茶高 10~20 倍,且成本低(可节约 30% 以上)、品质好(芽叶完整率在 80% 以上)、产量高(比手采提高 10% 左右)。因此,实行大宗茶机械采摘是必然趋势。

一　机采茶园的栽培管理技术

1.新茶园的开垦

机械化采摘茶园,除按常规茶园要求外,还要考虑到机械化作业的特殊性。机采茶园必备的基础条件主要包括园地地形、道路、种植方式的规划设计,宜于机采的茶树品种的选择,树冠形状的确定等。要选择平地或缓坡地;定植标准是单行或双行条栽,行距为 1.5~1.8 米,行长为 50 米。成园后茶树行间修边后留有 0.2 米左右的"行走通道",便于机手行走和安全操作。

2.现有茶园的改造

能实现机械化采茶的大多数是种植多年的茶园,因为必须经过修剪形成良好的采摘蓬面才能适应机采。长势较好的茶树,采用深修剪,修剪深度是 15~20 厘米;长势稍差的茶树,采用重修剪,剪到离地面 35~45 厘米,重修剪后先用平行式修剪机轻修剪 2 年,再改为弧形修剪机和采茶机剪采。

3.茶树良种的选择

机采的茶树良种,应具有树型紧凑、分枝角度较小、树冠面新梢密度较大、叶片着生角度稍大、剪采后新芽萌发能力强、新梢生长速度较快、新梢健壮、发芽整齐、芽头粗壮(芽重型)、节间长、叶片呈直立状等特点。既要耐采,又要便于机采。如云南大叶种是半乔木型,分枝披张,芽的再生力弱,不适宜机采,而水仙品种分枝直立、分枝密壮,茶芽萌发较一致,适宜机采。

4.树冠的整理修剪

为了便于机采,必须把树冠修剪得整齐一致。修剪树冠必须用与采茶机相配套的修剪机进行, 即弧形采茶机要使用弧形修剪机修剪树冠面,而水平形采茶机则要用水平形修剪机修剪,这样才能满足机采对树冠面的要求。

树冠的高度直接影响采摘工效和鲜叶采摘质量。树冠过高,采摘时人持机高度也必然相应提高,时间长了,人的劳动强度大,容易疲劳,不易准确把握采口的深浅,影响了鲜叶质量。所以,一般将树高控制在 70~80 厘米,这样使用单人背负式或双人担架式采茶机都较适合。

为了方便机采,还需要对封行的树冠进行边缘修剪,行间留有 10~20 厘米操作道,使边缘距地面高度为 40~50 厘米,也减少了因枝条过低,机采时不易采到边而且吃力的弊端。

二 机采茶园要求

(1)有良好的土壤,有利于茶树根系生长,必须重视施有机肥料,如绿肥、厩肥、堆肥、饼肥等。

(2)由于机采后茶树对养分的需求量大,必须及时补充肥料,追肥的次数和用量都要适当增加,一般应追肥 3 次,即春、夏、秋茶前各 1 次,施肥量比一般茶园应增加 25%~35%,为每生产 100 千克鲜叶施纯氮 3~4 千克。对土壤瘠薄的机采茶园更应当增加施肥量,否则叶薄、芽瘦、对夹叶多,很难适应机采。

（3）开采适期。机采茶园开采适期恰当与否,直接影响茶叶产量、品质和经济效益,不同茶类,采摘标准不同。效益最佳的适采期是,春茶标准新梢在 80% 左右,夏茶在 60% 左右。

（4）做好留养。留养与采摘同样重要,茶树连续几年机采后,叶层变薄,叶面积指数下降,影响茶树的正常生长。每隔 2 年留蓄一季秋梢,能有效地改善叶层质量,降低新梢密度,增加芽重,既有助于提高鲜叶产量,又有利于改善鲜叶品质。

三　机采方法

1.机采操作人员的培训

在实行机采之前,应当对操作人员进行技术培训,因为采茶机与地面的角度、采茶机的高度、操作的前进速度等都会影响产量和质量。

2.机采与手采配合

由于当前技术条件下的机采不适宜采摘高档茶,春茶都是用手工采 1~2 批高档茶,甚至开始时先手工采 1 批名茶,再手工采 1~2 批高档茶,然后再实行机采（图 5-5）。但是,手工采茶时要注意留桩高度与机械采茶保持一致,另外由于机械采不到茶行边缘及茶树下部,必须

图 5-5　机采茶园

实行手工补采。

3.机采批次

采摘批次关系到鲜叶产量和品质,批次少则新梢大、产量高,但只能获得中等以下的鲜叶;反之,批次多则新梢较小、产量不高,但能获得较高档的鲜叶。一般春茶机采 2 批,或春茶全部手采名优茶,最后机采 1 批春茶,夏茶 2~3 批,秋茶 2 批。

四 鲜叶贮运

无论是手工采摘,还是机械采摘,对采下的鲜叶,都必须及时集中,装入通透性好的竹筐或编织袋,并防止挤压,尽快送入茶厂付制。集叶贮运时,应做到机采叶和手采叶分开,不同茶树品种的原料分开,晴天叶和雨天叶分开,正常叶和劣变叶分开,成年茶树叶和衰老茶树叶分开,上午采的叶和下午采的叶分开。这样做,既有利于茶叶制作,又有利于提高茶叶品质。

第六章　茶园病虫草害绿色防控技术

第一节　茶园绿色防控的紧迫性与必要性

农药是茶园生态系统的外来物质,有潜在的干扰生态系统的危险。长期以来在农药使用过程中,只注重病虫防治的本身,而忽视了对茶园环境的作用。从 20 世纪 60 年代有机氯农药在茶园中的大量使用到 20 世纪 90 年代拟除虫菊酯类农药的普遍推广,不仅未能有效控制茶园病虫的为害,反而引起茶园病虫区系急剧变化,危险性病虫不断发生,茶叶中农药残留、害虫抗药性和再猖獗问题越来越突出。同时,农药对茶园土壤、微生物、有益昆虫直至高等动物等产生了不良的影响,干扰了茶园的次生态系统,致使茶园生态平衡遭到破坏。因此,要保持茶园良好的生态环境,防治茶园病虫时应减少农药的使用量乃至不使用化学农药。

一　农药过量使用带来的问题

1.影响茶叶质量安全

(1)茶叶的收获部位就是直接喷药的部位,采收的鲜叶一般都是未经任何洗涤处理就直接加工成茶的,成茶饮用时直接用开水连续多次冲泡,其中农药残留成分有较多机会直接被浸泡到茶汤中,且农药的残留、异味等还可能影响到茶叶的色、香、味。

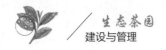

（2）茶叶是一种一年种植多次采收的作物，喷药后的间隔期短于其他作物；每一种农药都有一定的安全间隔期，长短不一，如果没有严格遵照国家规定的安全间隔期而提前采收，会造成农药残留量超标。

（3）茶叶的单位重量的表面积大于其他农作物，因此农药残留量也相应较高。

2.影响茶园生态环境安全

（1）导致茶园天敌种群显著下降。

（2）引起茶园病虫抗药性上升、次生虫害暴发。

（3）新烟碱类农药（吡虫啉等）的应用导致蜜蜂等媒介昆虫数量锐减。

（4）导致土壤、水体污染。

（二）茶园关键性病虫特点

（1）病虫的为害期与茶树芽叶生长期同步。

（2）病虫对茶树的危害超过了茶树的补偿能力和忍受限度。

（3）种群数量经常活动在经济阈值范围上下或完全超过。

（三）绿色防控概念

绿色防控是指以促进农作物安全生产，减少化学农药使用量为目标，采取生态控制、生物防治、物理防治、化学生态防治和科学用药等环境友好型措施来控制有害生物的有效行为。采用绿色防控技术能尽量降低作物的经济损失风险（必要产量或效益），尽量降低使用有毒农药的安全风险（操作者、消费者和水源等安全），尽量降低破坏生态的风险（保持生态平衡和多样性调控能力）。

四 茶园病虫草害绿色防控的原理

茶园病虫草害绿色防控技术是在 2006 年全国植保工作会议上提出的"公共植保、绿色植保"的理念基础上,根据"预防为主、综合防治"的植保方针,结合现阶段植物保护的现实需要和可采用的技术措施,形成的一个技术性概念。茶园的病虫草害绿色防控的原理,就是在了解茶园这种特殊生态环境的基础上,本着尊重自然的原则,充分发挥以茶树为主体的、以茶园环境为基础的自然生态调控作用,以农业措施为主,辅之适当的生物、物理防治技术,并利用茶叶生产标准中允许使用的植物源农药和矿物源农药控制茶园病虫草害,从而保证茶树的健康生长。

▶ 第二节　茶园病虫草害绿色防控的主要技术措施

一 保护茶园生物群落结构,维持茶园生态平衡

植树造林、种植防风林、行道树、遮阳树,增加茶园周围的植被。部分茶园还应该退茶还林、调整茶园布局,使之成为较复杂的生态系统。从而改善茶园的生态环境,创造不利于病虫草害滋生和有利于各类天敌繁衍的环境条件,保持茶园生态系统的平衡和生物群落多样性,增强茶园自然生态调控能力。

二 优先采用农业技术措施,加强茶园栽培管理

重点采取推广抗病虫品种、优化作物布局、培育健康种苗、改善水肥

管理等健康栽培措施,并结合农田生态工程、果园生草覆盖、作物间套种、天敌诱集带等生物多样性调控与自然天敌保护利用技术,改造病虫害发生源头及滋生环境,人为增强控制自然灾害能力和作物抗病虫能力。其中,剪、采、耕最为重要。茶园耕作管理既是茶叶生产过程中的主要技术措施,又是虫害防治的重要手段,具有预防和长期控制虫害的作用。

（三）保护和利用天敌资源,提高自然生物防治能力

天敌对害虫的控制作用是长期存在的,充分发挥并利用天敌对害虫的自然控制效能则是害虫生态调控的重要措施之一(图6-1)。茶树病虫害天敌资源丰富,其中蜘蛛为最大种群,占整个天敌种群的80%~90%,种类多,数量大,繁殖率高,每头蜘蛛每天可捕食害虫6~10头。可以采取人工释放天敌的方法,大量繁殖和释放天敌,如茶尺蠖绒茧蜂、草蛉、瓢虫、蜘蛛、捕食螨和寄生蜂等,可以有效地补充茶园自然天敌种群,对虫害有良好的防治效果,且不会对环境造成污染。

图6-1 茶园绿色防控

（四）采用生物防治措施,合理使用植物源农药和矿物源农药

重点推广应用绿僵菌、白僵菌、微孢子虫、苏云金杆菌(BT)、蜡质芽孢杆菌、枯草芽孢杆菌、核型多角体病毒(NPV)等成熟产品,加大技术的示范推广力度,积极开发茶叶生产标准中允许使用的植物源农药和矿物

源农药等生物生化制剂应用技术。

五　推广物理防治措施

1.人工捕杀

对茶园中某些目标明显或群集性强的害虫，利用其栖息场所或习性的特点,结合农事操作进行捕杀。封园后和初冬有可能气温较高,茶蓑蛾、扁刺蛾、茶毛虫类害虫还能继续为害茶树,这时应抓住时机,在晴天上午9时左右和下午3时以后,进行人工捕捉,以减轻虫害。

2.色板诱杀

利用害虫对不同颜色的趋性进行诱杀,茶园色板常以黄、蓝色为主,可防治粉虱、小绿叶蝉、广翅蜡蝉、角胸叶甲、蚜虫、茶潜叶蝇、茶鹿斑蛾、铜绿丽金龟、茶椿象、茶橙瘿螨等十多种害虫。常与性诱剂配合使用。

(1)科学选择诱虫色板。不同害虫对色彩趋性各异,诱虫色板的诱虫谱各不相同,诱虫色板有黄色、蓝色、绿色三种颜色及多种规格。①黄板:诱虫谱广,主要用于诱杀粉虱、蚜虫、小绿叶蝉,是使用最为广泛的诱虫色板。②蓝板:主要用于防治蓟马。③绿板:加诱芯诱杀小绿叶蝉、铜绿丽金龟等害虫效果佳。其中新型天敌友好型粘虫色板根据害虫和天敌对颜色偏好性差异,采用双色图案,黄色诱杀叶蝉,红色拒避天敌,采用全降解材料制作基板,避免塑料污染(图6-2)。

图6-2　新型天敌友好型粘虫色板

（2）使用时期与悬挂密度。①使用时期：茶园应在春茶萌发时使用，到秋茶采摘前5天回收。②放置密度：用于监测虫口密度，每亩使用3~5片；用于防治，每亩应均匀放置悬挂20~25片20厘米×25厘米的色板。部分山地茶园茶树种植稀疏，茶行间距、垂直距离较大，可按照行内间距5米的方式悬挂色板。随时巡查诱虫色板的诱虫量，当诱虫量增大时，要及时加大放置密度，以确保对目标害虫的诱杀效果。

（3）悬挂方向与高度。①悬挂方向：条栽茶园悬挂粘虫色板的板底边垂直于茶行，尽可能保持东西向。②悬挂高度：将板的两端固定在100~180厘米长的木棍或竹片上，垂直插牢于土壤中，然后根据茶树树冠高度，确定好悬挂高度，一般诱虫色板悬挂高度以高于树冠15~20厘米为宜。

（4）注意事项：

①宜规模化推广应用。不宜农民单家独户使用，要以整组、整村的规模连片推广应用，最宜以专业合作组织或农业企业为主体，在标准化生产基地，采取统防统治的方式大面积推广使用。

②宜与其他防治技术配合使用。注意对诱虫色板的防治效果进行评估，应对目标害虫的当代产卵量和下代幼虫虫口密度进行调查。防治效果不理想时，应配合使用光诱、性诱技术或辅以生物防治、农业防治等手段防控害虫，以减少虫害损失。

（5）田间维护与回收。田间巡查，防止诱虫色板被风吹倒或吹掉。查看色板诱杀效果，当粘满虫体或胶体黏性减弱时需要更换新色板，一般在一个防治期内需要更换1~2次。使用过的色板在从田间回收后要做集中无害化处理，不能将已作废的诱虫色板乱扔于田间园地，以防二次污染。

3.灯光诱杀

灯光诱杀是指利用某些害虫的趋光性及对不同波长、波段的光的趋性,对害虫进行诱杀的重要物理诱控技术。可诱杀茶尺蠖、茶毛虫、茶刺蛾、茶油桐尺蠖、丽纹象甲、茶叶斑蛾、扁刺蛾、斜纹夜蛾、白毒蛾、黑毒蛾、茶蓑蛾等鳞翅目成虫,对假眼小绿叶蝉、金龟子等害虫也有一定的诱杀作用。利用频振诱控技术控制重大农业害虫,不仅杀虫谱广,诱虫量大,诱杀成虫效果显著,而且害虫不产生抗性,对人畜安全,能促进田间生态平衡,此外还安装简单,使用方便,符合农产品安全生产技术要求。但缺点是诱虫光谱宽,对天敌杀伤大。电网对叶蝉等小型昆虫的捕杀能力差。

(1)频振式杀虫灯(图6-3):

①分布安装:棋盘状分布。对于丘陵茶园,每30~50亩安装1盏,灯距保持在120~200米, 高度保持在1.1~1.5米为最佳。对于山区茶园,每10~15亩安装1盏,灯管离茶蓬面40~60厘米(距离地面110~140厘米),覆盖半径设置为60~80米。

②开灯时间:成虫的始峰期,自春茶开始采摘之时至10月底。每天

图6-3　频振式杀虫灯

天黑之后亮灯,保持5~6小时,或者是按照害虫的实际活动规律来进行开关灯处理。例如,防治小绿叶蝉,其有很强的诱杀能力,在3月中下旬开灯诱杀该虫的越冬残留虫,可推迟和减轻该虫发生及为害程度,灯管离茶蓬面30~40厘米;防治茶尺蠖,在3月下旬、5月中下旬、7月上旬、7月下旬至8月上旬、8月下旬、10月上旬开灯,由于灯诱,雌成虫会在灯下周围集中产卵,易造成灯下周围1亩左右的茶园虫害加剧,需要配合人工捕杀或化学防治;防治茶毛虫, 在6月中下旬、8月中下旬、10月下旬至

图 6-4　新型天敌友好型窄波
LED 杀虫灯

11 月上旬晚上开灯。

（2）新型天敌友好型窄波 LED 杀虫灯（图 6-4）：根据害虫和天敌趋光光谱差异，缩小诱虫光源的光谱范围，减少天敌诱捕量，同时采取风吸负压杀虫，提升小体型害虫致死率。

（3）靶标虫害声光精准防控系统（图 6-5）：根据害虫声敏特性，通过发射特定的无规律声波干扰害虫种群间通信和空间定位，阻断其交配和繁殖；根据害虫光敏特性，远程控制光源发射特定波长光线，实现精准诱杀。

声控系统，干扰虫害种群间通信和空间定位，阻断繁殖链，控制茶小绿叶蝉危害

物联网模块，传感器数据信息获取与传输，远程管理

视频监控系统，通过实时监控和人脸识别技术，判断现场有人员活动时，自动将声控系统切换成音乐播放或停止工作

多光谱诱虫光源，根据虫情监测信息，分时控制，单光谱独立运行，精准诱杀尺蠖、茶毛虫等靶标害虫

图 6-5　靶标虫害声光精准防控系统

4.物理和化学诱杀

昆虫性信息素是昆虫种内个体之间性联系的化学信号，在昆虫求偶、交配等过程中发挥重要作用。通过模拟雌蛾释放的性信息素，诱杀雄蛾，降低下一代害虫发生数量。具有安全无毒、用量低、不接触茶树、持效期长、对天敌安全、不污染环境等优点。可诱杀灰茶尺蠖、茶尺蠖、茶毛虫、

茶细蛾、茶小卷叶蛾、茶长卷叶蛾、绿盲蝽、斜纹夜蛾等茶树害虫。

性信息素诱剂防治技术可大面积、连片、持续使用,在越冬代成虫羽化前放置于茶园中,每亩 2~4 套(图 6-6)。性信息素诱芯每 3 个月左右更换 1 次,或在粘虫板粘满害虫时及时更换。性信息素诱芯保存于-20 摄氏度的冰箱里。防治小绿叶蝉,在 5 月上旬,每亩安插黄板 10 片,配绿板 15~20 片,按 3:1 的比例配置专用性信息素诱剂诱芯(约 10 粒)。防治茶尺蠖、茶毛虫,在成虫始盛期使用,诱捕器安装在高于茶蓬 5~10 厘米的地方,按照外围密、中间稀的原则悬挂。

图 6-6　茶园放置性信息素诱剂

5.物理防治技术应用的关键

(1)使用时机:主要依据以下两点确定使用时机。

①目标害虫的虫口密度。以病虫害预测预报为基础,以病虫害发生和为害趋势为依据,了解虫害的发生规律,随时注意和分析虫害发生的新动向。目标害虫虫口密度基于虫害引起经济损失时的经济阈值。

②目标害虫的昼夜规律。如茶尺蠖幼虫畏阳光,晴天的日间多躲在叶背或茶丛荫蔽处,以尾足攀着枝干,体躯离枝,形似一枯枝,清晨、黄昏取食最盛,成虫多于黄昏至天亮前羽化,白天平展四翅,静息于茶丛中,受惊后迅速飞走。傍晚开始活动,雌虫飞翔力弱,雄虫活泼,飞翔力较强,具趋光性。

（2）使用方法：主要依据以下两点来选择合适的使用方法。

①目标害虫的活动习性。如小绿叶蝉，其成虫和若虫在雨天和晨露时不活动，时晴时雨、留养及杂草丛生的茶园利于其发生；成虫在茶园中多栖息在茶丛叶层，若虫常栖息在嫩叶背面；成虫行动敏捷，能够通过爬行、飞行和跳跃等方式进行快速移动，其在白天的飞行频率低，飞行时间和距离短，受到危险时通常以跳跃的方式逃脱。小绿叶蝉的年活跃期，通常在8—9月份，每天的活跃时间在上午6—8时，下午3—6时，飞行距离为3.3~7.6米。

②目标害虫的生理特征。了解目标害虫的生理特征和为害特点，比如口器、体壁，从而选择科学有效的防治方法。

▶ 第三节　茶园主要病害绿色防控技术

茶树是常绿植物，叶部病害种类多，它们对茶叶产量和品质的影响最大。从发病部位来看，茶树叶部病害可分为嫩芽嫩叶病害（如茶白星病、茶饼病和茶芽枯病等）、成叶老叶病害（如茶云纹叶枯病、茶轮斑病和茶赤叶斑病等）。因病原生物学特性的差异，这些病害发生在茶树生长季节的不同时期。嫩芽嫩叶病害一般属于低温高湿型，早春季节或高海拔地区发生较重；成叶老叶病害大多属于高温高湿型，一般在夏、秋季流行发病。高湿度往往是叶部病害流行的重要条件。对于叶部病害的控制，应采取以农业防治为主、辅之以药剂防治的治理策略。

一 茶白星病

1.分布与为害

茶白星病又称茶白斑病、点星病，是高海拔茶区频发的茶树病害，平地、丘陵茶园发生较轻。已知茶白星病在我国主要分布于安徽、浙江、福建、江西、湖南、湖北、四川、贵州等省，在日本、印度尼西亚、印度、斯里兰卡、俄罗斯、巴西、乌干达、坦桑尼亚等国也有分布。茶白星病主要为害嫩叶、嫩芽、嫩茎及叶柄，是重要的茶树芽叶病害之一。茶树受害后，新梢芽叶形成无数小型病斑，芽叶生长受阻，产量下降，病叶制茶，味苦异常，汤色浑暗，破碎率高，对成茶品质影响极大。

2.症状

茶白星病主要在嫩叶、嫩芽、幼茎上发生，尤以芽叶及嫩叶为多。发病初期，叶面呈现红褐色针头状小点，边缘为淡黄色半透明晕圈，病斑逐渐扩大后形成直径为0.8~2.0毫米的圆形小斑，中间红褐色，边缘有暗褐色稍凸起的线纹，病健分界明显。成熟病斑中央呈灰白色，其上散生黑色小粒点。病叶上病斑数不定，少则十几个，多则数百个。病斑多时可合并形成不规则形大斑。随着病情发展，叶片生长不良，叶质变脆，病叶随采摘振动而脱落。新梢上受害，病斑呈暗褐色，后渐变为圆形灰白色病斑。病梢停止生长，节间显著缩短，百芽重减轻，对夹叶增多。病重时，病部以上组织全部枯死。

3.病原菌

茶白星病的病原菌为半知菌亚门叶点属真菌。病斑上小黑粒点是病菌的分生孢子器。分生孢子器呈球形或半球形，直径为60~80微米，顶端有乳头状孔口。分生孢子呈椭圆形或卵圆形，无色，单胞，大小为(3~5)微米×(2~3)微米(图6-7)。病菌菌丝体在2~25摄氏度均可生长发育，但以

分生孢子

病斑放大

症状

分生孢子器

图6-7　茶白星病病原菌及其为害症状示意图

18~25摄氏度最适宜,28摄氏度以上停止生长。分生孢子在2~30摄氏度均可萌发,但以16~22摄氏度为最适温度。

4.发病规律

茶白星病病原菌以菌丝体或分生孢子器在活体病叶组织中越冬,枯死病叶上的病菌虽可越冬但活力低。次年春季当气温在10摄氏度以上时,病原菌即生长发育,产生分生孢子,经风雨进行传播,在水湿条件下萌发进行侵染。主要从茶树幼嫩组织的气孔或叶背茸毛基部细胞进入,2~5天即出现新病斑。以后环境适宜,又可不断地产生分生孢子进行多次再侵染,从而导致病害扩展蔓延,以致流行。

此病属低温高湿型病害,其发生与温度、湿度、降水量、海拔高度、茶树品种、茶园生态环境有一定的关系。茶园气温在10~30摄氏度时都可发生,但以20摄氏度时最适宜。旬平均温度在25摄氏度、相对湿度在70%以下时则不利于其发生。春季降雨多,初夏云雾大,日照短的茶园发病尤为严重。4—6月份降水量为200~250毫米,或旬降水量为70~80毫米时,病害严重流行。此期间山区茶园若遇3~5天连续阴雨,或日降水量在40~50毫米,病害可能暴发流行。此病在我国大多数茶区都有发生,4月初嫩叶初展时即出现初期病斑,遇适温高湿则病斑大量形成,5—6月份春茶采摘期发病最盛,7—8月份病情减轻，入秋后病情依气候条件再次回升,但不及春茶期为害严重,以后进入越冬期。

5.防治方法

(1)农业防治。首先是合理施肥。土壤过分贫瘠或施肥不足,管理水平低,采摘过度的茶园均发病重。此外,茶树生长旺盛、树势强、芽头壮的发病轻,反之则重。春茶芽叶嫩度高,发病重;秋茶叶片纤维素含量高,发病轻。增施磷、钾肥,增强树势,提高抗病力,可减轻发病。其次是加强田间管理,茶园应注意雨季开沟排水,降低相对湿度。及时清除茶园及周围杂草,促进通风透光,减少荫蔽程度,以降低湿度,可减轻发病。新植茶园应选用抗病优质品种,以减轻病害发生。冬、春季结合修剪进行病残枝叶的彻底清除,以减少再次侵染的菌源。

(2)药剂防治。防治时更要重视早治。选用申嗪霉素、多抗霉素、武夷菌素、芽孢杆菌等非化学农药进行预防。在重病区,于春茶萌动期喷第一次药,必要时7~10天后再喷第二次,以后根据病情再决定喷药次数。

二 茶饼病

1.分布与为害

茶饼病又名叶肿病、疱状叶枯病,常发生在高海拔茶区,为害嫩叶、嫩梢、叶柄,是重要的茶树芽叶病害之一。以云南、贵州、四川3省的山区茶园发病较重,近年来在浙江、福建、湖北、海南、广西和安徽等省亦有发现。

2.症状

发病初期,叶片正面出现淡黄色或淡红色半透明小斑点,随后病斑逐渐扩大形成表面光滑并向下凹陷的具有色泽的圆斑,但背面凸起呈满月状,上着生白色粉末状物,病斑处肿胀,常导致叶片卷曲畸形。嫩芽或嫩茎发病后,病斑表现出轻微肿胀且发病嫩茎常呈弯曲状肿大。发生严重

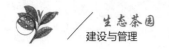

时,整个茶园的幼嫩芽、叶和茎布满白色疱状病斑。发病后期病斑粉末状物消失萎缩形成褐色枯斑,严重时整个茶蓬的发病嫩叶呈焦枯状,并逐渐凋谢脱落。茶饼病直接影响茶叶的产量和品质,病芽叶制成的干茶味苦易碎。

3.病原菌

茶饼病的病原菌为担子菌亚门外担菌属真菌。病部白色粉状物即病原菌的子实层。病菌菌丝体在病斑叶肉细胞间生长,无色。有性繁殖产生无数担子,丛集而形成子实层。担子呈圆筒形或棍棒形,顶端稍圆,向基部渐细,无色,单细胞,大小为(30~50)微米×(3.0~5.0)微米,顶生 2~4 个小梗,担孢子着生在小梗上。担孢子呈肾脏形或长椭圆形,间有纺锤形,无色透明,大小为(11~14)微米×(3~5)微米,担孢子易脱落,萌发时可形成一个隔膜,双细胞担孢子易飞散,萌发侵入(图 6-8)。该病菌未发现无性繁殖阶段。

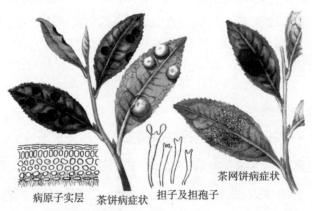

病原子实层　　茶饼病症状　　担子及担孢子　　茶网饼病症状

图 6-8　茶饼病病原菌及其为害症状示意图

4.发病规律

茶饼病属于低温高湿型病害,菌丝体潜伏于病叶的活组织中越冬和越夏。翌春或秋季,当平均气温为 15~20 摄氏度、相对湿度高于 85%时,菌丝体开始生长发育,产生担孢子。成熟的担孢子释放后经风雨传播,在合适条件下萌发并形成芽管，经叶片表皮侵入细胞组织进行初次侵染，3~18 天后可产生新的病斑,然后在病斑表面形成子实层。该过程中形成的担孢子成熟后再次传播侵染,1 年中可发生十多次再侵染,导致病害的流行。

茶饼病一般在春茶期和秋茶期发病较严重,夏季发病较轻。在西南茶区,一般 2—4 月份开始发病,7—11 月份进入发病盛期,11 月份以后逐渐停止;在华东和华南地区,5—7 月份发病,9—11 月份进入发病盛期;在海南,一般 11 月份至翌年 2 月份进入发病盛期。

此外,茶树品种对茶饼病抗性不同,一般小叶种抗性强于大叶种。疏于管理、施肥不科学、采摘修剪不合理的茶园,发病较严重。

5.防治方法

(1)植物检疫。茶饼病主要依靠苗木的调运做远距离传播。因此,要严格执行检疫制度,禁止从病区调运带病苗木。

(2)农业防治。勤除茶园杂草,促进通风透光,减少荫蔽程度,以降低湿度,可减轻发病。合理施肥,适当增施磷、钾肥,以增强树势,提高茶树抗病力。彻底摘除病叶和有病的新梢,可以减少再次侵染的菌源。合理修剪,选择合适的修剪时机,使新梢抽生时避开病害发生期;及时清除茶树上的病叶,可有效减少病菌基数。

(3)药剂防治。一般在病害发生初期喷施植物精油类杀菌剂 1~2 次,或者在非生产季节可喷施石硫合剂或波尔多液进行预防。

三 茶炭疽病

1.分布与为害

茶炭疽病在全球茶区均有发生,是茶树成叶部位的病害之一。除茶树外,其还为害山茶、油茶、檫树等植物。在日本,茶炭疽病与茶网饼病、茶

白星病一起并称为茶园三大病害。该病在我国茶区也普遍发生,在浙江、安徽、湖南、云南和四川等省均有报道,条件适宜的年份发生较严重。

2.症状

茶炭疽病主要为害当年生的成叶,老叶和嫩叶上也偶有发生。一般从叶片的边缘或叶尖开始,初期为浅绿色病斑,水渍状,迎光看病斑呈现半透明状,后水渍状逐渐扩大,仅边缘半透明,且范围逐渐减少,直至消失。颜色渐转黄褐色,最后变为灰白色,病健分界十分明显。成形的病斑常以叶片中脉为界,后期在病斑正面散生许多细小的黑色粒点,这是病原菌的分生孢子盘。早春在老叶上可见到黄褐色的病斑,其上有黑色小粒点,这是越冬的后期病斑;还可见到表现水渍状正在扩展中的中期病斑。茶炭疽病为害后的病叶质脆,易破碎,也易脱落。在发病严重的茶园,可引起大量落叶。茶园中残留的病叶均是初侵染源。

3.病原菌

茶炭疽病的病原菌属真菌半知菌亚门盘长孢属。病菌的分生孢子盘呈黑色、圆形,直径为 71~143 微米,初埋生于表皮下,后期突破表皮外露。分生孢子盘内有许多分生孢子梗,无色,单胞,顶端着生分生孢子,分生孢子单胞呈无色,两端稍尖,纺锤形,大小为(4~5)微米×(1~2)微米,内有1~2 个油球(图 6-9)。病原菌在马铃薯葡萄糖琼脂培养基(potato

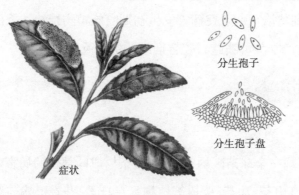

分生孢子

分生孢子盘

症状

图 6-9　茶炭疽病病原菌及其为害症状示意图

dextrose agar,PDA)上生长良好,菌丝体发育适温为25摄氏度,最高温度为32摄氏度。孢子萌发的最适温度为25摄氏度。

4.发病规律

茶炭疽病原菌以菌丝体在病叶组织中越冬,翌年春季随气温上升至20摄氏度后,相对湿度在80%以上时,在适宜的条件下形成分生孢子,分生孢子借助雨水飞溅分散传播。病原菌多从嫩叶侵入,潜育期较长,从分生孢子附着到形成大型红褐色病斑一般需15~30天。分生孢子入侵和菌丝在茶叶中生长扩展均与环境温度、湿度关系密切,同时也与茶树本身的生长状态和抗性程度息息相关。

茶炭疽病属高湿型病害,对温度要求也偏高,当温度在20~30摄氏度,病害能较好地发生和发展,以25摄氏度为最适宜。高湿条件有利于发病,相对湿度在90%以上时最利于分生孢子的萌发和侵入。因此,凡是早晨露水不易干的茶园,或阴雨连绵的季节,叶面水膜维持时间久,茶树持嫩性强,最利于病害的发生和发展,因而该病在高山茶区发生重。全年以梅雨季节和秋雨季节发生最盛。扦插茶园、台刈茶园,叶片幼嫩,水分含量高,有利于发病。偏施氮肥的茶园的发病也重。

5.防治方法

(1)农业防治。注意田间卫生,秋、冬季将落在土表的病叶埋入土中。合理施肥,适当增施磷、钾肥,以增强树势,提高茶树抗病力。合理修剪,有效剪除病叶并及时清理茶园病叶可减少翌年病原菌的来源。对于连年严重发病的老茶园,可在春茶后采取台刈更新的办法来防治,将台刈下来的枝叶和地面落叶清出茶园并烧毁。台刈后的茶园要施足基肥,这样可有效地防治病害。此外,发展新茶园时,要注意选用抗病品种。

(2)药剂防治。药剂防治的关键时期有两个,一是在春茶结束后至夏茶萌芽期间,二是夏季干旱结束后至秋茶雨季开始前。在这两个时期适

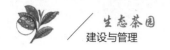
时喷药是药剂防治取得良好防效的关键。此外,秋冬季节如采用矿物油或石硫合剂封园,对抑制来年病害的发展也十分有益。

四　茶云纹叶枯病

1.分布与为害

茶云纹叶枯病是最常见的茶树叶部病害之一,分布很广。一些主要产茶国如日本、印度、斯里兰卡、越南、坦桑尼亚以及牙买加等国均有报道;国内各产茶省(区)均有发生。已经报道发生此病的省份有浙江、江苏、江西、福建、湖南、湖北、广东、广西、四川、贵州、云南、陕西、山东、台湾。茶云纹叶枯病在树势衰弱和台刈后的茶园发生严重,特别是丘陵地区植被少、土地贫瘠的茶园就发生得更严重了,对茶树的生长发育影响较大。

2.症状

茶云纹叶枯病主要为害成叶和老叶,嫩叶、果实、枝条上也可发生。病斑多发生在叶尖、叶缘,呈半圆形或不规则形,初为黄褐色,水渍状,后转为褐色、灰白相间的云纹状,再后来形成半圆形、近圆形或不规则形且具有不明显轮纹的病斑,其上有波状轮纹,形似云纹状,最后病斑由中央向外变灰白色,通常在病斑的正面散生或轮生许多黑色的小粒点,这是病菌的子实体。成叶和老叶上的病斑很大,可扩展至叶片总面积的四分之三,此时会出现大量的落叶;嫩叶、嫩芽罹病后,产生褐色圆形病斑,并逐渐扩大,直至全叶,后期叶片卷曲,组织死亡;嫩枝发病后,出现灰色斑块,渐枯死,可向下扩展至木质化的茎部;果实上的病斑常为黄褐色,最后变为灰色,其上着生黑色小粒点,有时病斑开裂。

3.病原菌

茶云纹叶枯病的病原菌为山茶球腔菌,属子囊菌亚门球座菌属;其无性阶段为山茶刺盘孢,属半知菌亚门刺盘孢属。病斑上小黑点是病菌的分生孢子盘,生于叶片的表皮下,孢子成熟时,突破表皮外露,并释放大量的分生孢子。分生孢子呈长椭圆形或圆筒形,两端圆或略弯,无色、单胞(图6-10)。

图6-10　茶云纹叶枯病病原菌及其为害症状示意图

4.发病规律

茶云纹叶枯病的病原菌以菌丝体、分生孢子盘或子囊果在病叶组织或病残体中越冬。病残体中病菌存活期长短常取决于枯枝落叶的腐烂速度。如果落叶早,再遇秋季多雨、温度偏高,残体腐烂快,病菌存活期较短,成为翌春初侵染源的可能性不大。埋于土中的病叶易腐烂,病菌也极易死亡。茶树上残留的病叶是翌春最主要的初侵染源。当温湿度条件适宜时,病叶上的分生孢子盘产生分生孢子,借风雨和露滴在茶树叶片间传播,在健康叶片表面的水滴或水膜中萌发,长出芽管,从叶表的伤口、自然孔口侵入;亦可穿透角质层直接侵入,直接侵入可能是病原菌分泌相关的酶和对叶表施加机械压力共同作用的结果。病原菌侵入后,一般经5~18天的潜育期,被侵染部位就会出现病斑。继后,病斑上又会产生分生孢子,进行新一轮的侵染过程。在茶树的一个生长季节里,病原菌能进行多次再侵染。我国南方冬季气温较高,病菌无明显的越冬现象,分生孢子可全年产生,周年侵染;北方茶区病叶的石蜡切片中发现有子囊壳

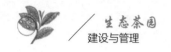

越冬的现象,但是在病菌的侵染循环中的作用可能远不及分生孢子盘和菌丝体重要。

该病属高温高湿型病害。在一定的温度范围内,病菌生长发育随着温度的升高而加速,潜育期缩短,病害流行速度加快。高湿多雨有利于孢子的形成、释放、传播、萌发和侵入,所以,降雨和高湿利于病害的发生和发展。当旬平均气温大于或等于26摄氏度,平均相对湿度大于80%,如遇大面积感病品种,病害往往容易流行。从皖南、苏南等地茶园的发生情况来看,春季病菌往往在较嫩的叶片上实现侵染,但症状却直到成老叶时才表现明显,一般高峰期出现在8月下旬至9月中下旬。湖南分别在5—6月份、9—10月份出现发病高峰。我国南方茶区,常遇台风袭击,茶树叶片上伤口较多,利于病菌的侵入,高温多雨的7—8月份常成为病害发生的高峰期。

5.防治方法

(1)农业防治。加强茶园管理,在秋茶结束后,要进行一次深中耕,结合中耕将病叶埋入土壤。合理修剪,有效剪除病叶并及时清除茶园病叶可减少翌年病原菌的来源。早春修剪茶园后,要将枯枝落叶清理出茶园并烧毁,以压低初侵染源。有条件的茶区,结合秋耕,增施有机肥料,尽可能地减少化肥的使用量。这样,一方面可以提高茶树抗病性,另一方面也可以改善土壤结构,促进茶树根系的发育。选用抗病品种,茶树品种间抗性差异显著。特别是在开辟新茶区或新茶园时,各茶区应结合本地区的特点,选用适合本地区的高产优质抗逆性强的品种。

(2)药剂防治。病情较重的茶区或茶园可进行必要的药剂防治。对茶云纹叶枯病杀菌剂的喷施,在春茶结束后至夏茶开采期前(5月下旬至6月上旬)进行第一次喷药;幼龄茶园在6月份气温上升时,常出现叶片枯焦现象,此时必须进行喷药保护;7—8月份高温干旱季节,叶片大量干枯,当出现有利于病情发展的气候条件(即旬平均气温>28摄氏度,降水量>40毫米,相对湿度>80%)时,应立即进行喷药;以后视病情发展趋势,决定是否再进行防治。全年一般喷药2~3次。

五 茶轮斑病

1.分布与为害

茶轮斑病是我国茶区常见的成叶、老叶病害之一,各大茶区都有分布。世界各主要产茶国家均有发生。茶轮斑病在我国茶区分布普遍,浙江、江苏、安徽、江西、湖南、湖北、四川、贵州、云南、广东、广西等地都有发生。

2.症状

茶轮斑病主要为害成叶和老叶,但也可危害芽梢,可引起大量落叶。病原菌从伤口侵入茶树组织产生新病斑, 在高温高湿季节危害性更大。以成叶和老叶上发生较多,在病叶上的初期病斑很小,边缘褐色,和茶云纹叶枯病、炭疽病等其他叶部病害的初期症状较难区别,以后病斑逐渐扩大至直径为1厘米左右或更大,病斑通常呈圆形或椭圆形。边缘浅褐色至褐色,中央部灰色,病斑大型。后期病斑正面可见到有明显的同心轮纹。在气候潮湿的条件下可以形成浓黑色墨汁状的小黑点,小黑点沿同心轮纹排列。病斑边缘常有褐色隆起线,与健全部分界明显。

3.病原菌

茶轮斑病的病原菌为茶轮斑病菌, 属半知菌亚门拟盘多毛孢菌属真菌。病斑上的小黑点是病原菌的分生孢子盘,在病斑上常呈轮纹状排列,或散生在病斑上。分生孢子梗在子座上形成,无色,呈圆柱形或倒卵形,有层出现象。分生孢子呈纺锤形,很少弯曲,4个分隔,5个细胞,分隔处有缢缩,中间3个细胞为褐色,两端2个细胞无色。孢子的顶端有2~3根

附属丝,其顶端膨大呈球形,无色透明(图 6-11)。茶轮斑病的分生孢子比云纹叶枯病的分生孢子要大得多,加上有附属丝,显微镜下很容易辨认清楚。P.theae 在马铃薯葡萄糖琼脂培养基(potato dextrose agar,PDA)上的菌丝体无色,有白色气生菌丝,菌丝层上形成分生孢子盘,并产生墨绿色的孢子堆。菌落上的分生孢子盘往往也呈同心轮纹状排列。光对于分生孢子盘及分生孢子的形成而言是必不可少的条件,只有在直接受到光刺激的部位才能形成分生孢子盘及分生孢子。

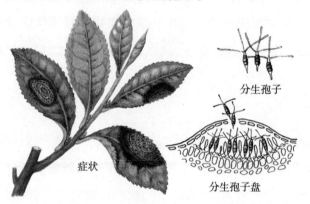

分生孢子

症状

分生孢子盘

图 6-11　茶轮斑病菌及其为害症状示意图

4.发病规律

茶轮斑病的病原菌属死体寄生菌,寄生性较弱,常侵害损伤组织和衰弱的茶树。病原菌以菌丝体或分生孢子盘在病变组织中越冬,翌春环境条件适宜时,产生分生孢子,萌发引起初侵染。孢子萌发后主要从伤口(包括采摘、修剪以及害虫为害的伤口等)侵入,菌丝体在叶片细胞间隙蔓延,经 1~2 周后就可产生新的病斑。新病斑上又产生分生孢子盘和分生孢子,孢子成熟后由雨水溅滴传播,进行多次再侵染。

茶轮斑病是一种高温高湿型病害。病原菌在 28 摄氏度左右生长最为适宜,温度低于 18 摄氏度时不形成分生孢子。夏、秋季高温高湿利于该病的发生和发展。所以,茶区茶轮斑病的高峰期常出现在夏、秋季。高湿条件利于孢子的形成和传播,9月份小雨不断,温度一般高于全年平均温度,病害仍有蔓延的趋势。

5.防治方法

管理粗放、施肥不当或肥料不足、土壤板结、排水不良、树势衰弱的茶园发病往往较重。一些人为管理措施可以加重病害的发生,特别是采摘、修剪造成的大量伤口,为病原菌的侵入提供了便捷的途径。具体防治方案可参考茶云纹叶枯病的防治方案。

（六）茶煤病

1.分布与为害

茶煤病是茶树常见病害之一,全国各茶区均有报道。世界各主要产茶国也都有发生。茶煤病的发生可严重影响茶树的光合作用,引起树势衰老,芽叶生长受阻,同时受病菌的严重污染对茶叶品质的影响也极大。

2.症状

茶煤病主要发生在茶树中、下部的成叶和老叶上,嫩芽、嫩梢也可发生。发病初期叶片正面出现黑色圆形或不规则形的小斑,后逐渐扩大,严重时黑色煤粉状物覆盖全叶。有时向上蔓延至幼嫩枝梢芽叶上,后期在煤层上簇生黑色短绒毛状物,大流行的园块,远看一片乌黑,树势极度衰弱。茶煤病的种类多,不同种类表现霉层的颜色深浅、厚度及紧密度有所不同。常见的浓色茶煤病的霉层厚而疏松,后期生出黑色短刺毛状物。病叶背面常可见到黑刺粉虱、蚧壳虫或蚜虫传播途径。低温潮湿的生态条件、虫害发生严重的茶园,均适宜发病。

3.病原菌

茶煤病的病原菌为茶煤病菌,属子囊菌亚门真菌。菌丝褐色,有分隔。星状分生孢子有3~4个叉,每个分叉有2~4个分隔,尖端钝圆。子囊座纵

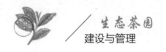

长,单一或有分枝,顶端膨大呈球形或头状,黑色,直径为39~72微米。内生很多子囊,子囊呈棍棒状或卵形,每个子囊内有8个子囊孢子,在子囊内呈立体排列。子囊孢子初期无色,单胞,后期为褐色,有3个分隔,呈椭圆形或梭形。分生孢子器常和子囊果混生,具有长柄。分生孢子呈椭圆形或近似球形,无色,单胞(图6-12)。

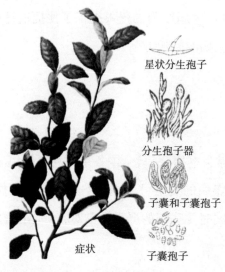

星状分生孢子

分生孢子器

子囊和子囊孢子

子囊孢子

症状

图6-12 茶煤病菌及其为害症状示意图

4.发病规律

病原菌以菌丝体、分生孢子器或子囊果在病叶中越冬,翌春环境条件适宜时,产生分生孢子或子囊孢子,随风雨传播,落到粉虱、蚜虫和蚧壳虫类的分泌物上,吸取养料生长繁殖,再次产生各种孢子,又随风雨或昆虫传播,引起再侵染。

粉虱、蚜虫和蚧壳虫类的分泌物是茶煤病菌的营养物质,这些害虫的发生是茶煤病发生的先决条件。病害发生的轻重与害虫发生数量的多少紧密相关,且病叶上霉层颜色及其厚薄均随害虫种类不同、分泌物多少而异。茶煤病的病原菌一般不深入寄主组织,只营腐生生活。如1991年湖北英山部分高山茶园由于红蜡蚧的大发生,导致茶煤病大流行,病害严重的茶园几乎无幼嫩芽叶。

5.防治方法

(1)加强茶园害虫防治,控制粉虱、蚧类害虫和蚜虫,是预防茶煤病的根本措施。

(2)加强茶园管理,尤其要注意合理施肥,适当修剪,勤除杂草,增强树势。

(3)对于茶煤病发生严重的茶园,可于当年深秋采用石硫合剂封园防治蚧壳虫和黑刺粉虱等害虫,同时也能有效地阻止或减轻来年茶煤病的发生。

第四节 茶园主要虫害绿色防控技术

一 茶小绿叶蝉

1.生活习性及为害症状

茶小绿叶蝉是茶树上的重要吸汁害虫,严重危害茶树的生长,且其发生面积正呈上升趋势。该虫主要以成虫、若虫刺吸茶树嫩梢汁液危害茶树嫩叶、嫩芽。成(若)虫喜欢栖息在芽下2~3叶背面及嫩梢上。雌成虫产卵于嫩梢茎内,并造成机械损伤,致使茶树生长受阻,被害的芽叶卷曲、硬化,叶尖、叶缘红褐焦枯。严重时新叶全部焦枯脱落,茶芽芽头瘦小,新梢细短,不仅严重影响茶叶产量,还影响成茶品质,使茶叶碎片多、涩味重。

2.发生规律

茶小绿叶蝉一年发生10代左右,在低山茶区一年发生12~13代,为害盛期为 5—6 月份及 9—10 月份；在高山茶区一年发生 8~9 代，为害盛期为 7—9 月份。茶小绿叶蝉以成虫在茶树、豆科植物及杂草上越冬。雌成虫多以产卵器刺入茶树嫩梢第二、三叶间嫩茎内产卵（散产于嫩茎皮层和木质部之间，在茶褐色的老枝条上不产卵）。1 个孔仅产 1 粒卵，春季产卵量多达 32 粒，夏、秋季只产卵 9~12 粒(图 6-13)。成虫产卵期有 20 多天，且成虫有陆续孕卵和分批产卵的习性，每日产卵 1~2 粒，致使世代重叠明显。

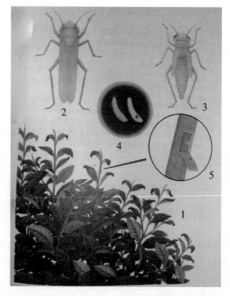

图 6-13　茶小绿叶蝉不同虫态及其为害症状示意图
1.为害状；2.成虫；3.若虫；4.卵；
5.产卵部位及损伤

3.防治方法

（1）生物防治。保护天敌(寄生蜂、蜘蛛、螳螂、瓢虫等)，发挥自然天敌的控制作用，以达到抑制虫害的目的。

（2）农业防治。加强茶园管理，清除园间杂草，及时分批、多次采摘，可减少产卵场所和有卵嫩梢，并恶化营养和繁殖条件，减轻虫害，特别是采用机采或修剪方式，能有效降低茶小绿叶蝉的田间虫口数量。采用光色诱杀，田间放置色板和安装诱虫灯，可诱杀部分成虫。

（3）药剂防治。对于虫害发生严重的茶园，越冬虫口基数大，抓紧于 11 月下旬至次年 3 月中旬，喷洒生物农药制剂，如印棟素、藜芦碱、茶皂素、白僵菌、呋虫胺、茚虫威、联苯菊酯、虫螨腈、唑虫酰胺等，以消灭越冬虫源。

(4)做好预测预报,采摘季节根据虫情预报于若虫高峰前选用高效低毒的生物农药进行防治。

二 茶蚜

1.生活习性及为害症状

茶蚜又称茶二叉蚜、可可蚜,俗称蜜虫、腻虫,是茶园常见的茶树刺吸性害虫之一。茶蚜多聚于新梢叶背,且常以芽下一、二叶最多。早春虫口以茶丛中下部嫩叶上较多,春暖后以蓬面芽叶上居多,炎夏锐减,秋季又增多。茶蚜一般群聚于茶树芽尖、叶背及嫩茎上,以口针刺进嫩叶组织内吸取汁液进行为害,使受害芽叶生长受阻,严重萎缩,甚至芽梢枯死。其排泄物"蜜露"不仅会招致霉菌寄生污染嫩梢诱发茶煤病,同时还会影响茶树叶片的光合作用,阻碍茶树的生长,从而严重影响茶叶产量。

2.发生规律

茶蚜一年发生25代以上,世代重叠,一般以卵或无翅蚜在叶背越冬,在广东等南方地区无明显的越冬现象(图6-14)。日平均温度在16~25摄氏度,相对湿度在70%以上,晴天少雨的天气最适宜茶蚜发生,暴雨冲刷会导致茶蚜数量降低。全年以4—5月份和9—10月份为茶蚜发生的最

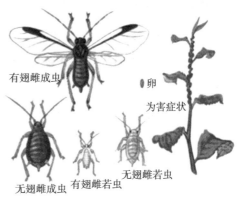

图6-14 茶蚜及其为害症状示意图

适宜时期,春季为害比秋季严重。茶园中刚萌动的嫩梢、未开采茶园的幼嫩芽梢是有翅茶蚜的主要为害对象。在江、浙、皖茶区,茶蚜种群发生动态与各轮茶芽的萌发规律一致。

3.防治方法

(1)农业防治。及时分批多次采摘,冬季结合修剪,剪除有卵枝或被害枝,压低越冬虫口基数。

(2)物理防治。茶园中悬挂黄色粘虫板,可诱杀部分有翅成蚜。

(3)生物防治,发展生态茶园,保护天敌,充分发挥茶蚜天敌(瓢虫、食蚜蝇、草蛉、蚜小蜂等)的自然控制作用。

(4)药剂防治。部分发生较重的茶园,可选择药剂进行防治,如喷施吡虫啉、虫螨腈等高效低毒药剂,或者喷施植物精油、微生物菌剂等进行防治。

三 茶树黑刺粉虱

1.生活习性及为害症状

茶树黑刺粉虱分布比较广泛,在各茶树种植区均有分布,是茶区茶园中最为常见的害虫,局部茶区为害严重。茶树黑刺粉虱以幼虫聚集叶背,密密麻麻地聚集在一些茶树嫩叶背面, 多的时候一小片茶叶上有几百头, 像叶片上长了虱子一样;以成虫和若虫群集在寄主植物叶片的背面(尤其是嫩叶),刺吸取食汁液,还有可能传播植物病毒。茶树黑刺粉虱的繁殖比较快,短时间内即能建立较大种群为害,并分泌蜜露诱发茶煤病,致使寄主植物叶片发黑,影响叶片正常光合作用。被害枝叶发黑,严重时大量落叶,致使树势衰弱,影响茶叶产量和品质。

2.发生规律

茶树黑刺粉虱一年发生4代, 以老熟幼虫在叶背越冬, 次年3月化蛹,4月上、中旬羽化。各代幼虫发生期分别为4月下旬至6月下旬、6月下旬至7月上旬、7月中旬至8月上旬和10月上旬至12月份。成虫产卵于叶背,初孵若虫爬后,即固定吸汁进行为害。1龄若虫具有足,有一定的活动能力,卵孵化后停留数分钟,随后进行短距离爬行,在找到合适的场所后,用口针插入叶片组织内吸取汁液营养。若虫固定后就在虫体周围分泌白色蜡质物,形成白色蜡质边缘,并日渐变宽。该虫一生蜕皮3次,蜕皮后均将皮留于体背上。除在蜕皮的2龄若虫稍有移动外,若虫期均固定寄生取食,即使环境不适也不再迁移(图6-15)。

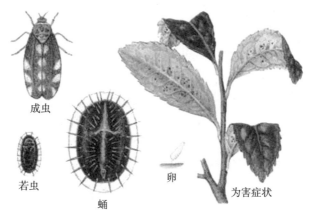

成虫

若虫

蛹

卵

为害症状

图6-15　茶树黑刺粉虱不同虫态及其为害症状示意图

3.防治方法

(1)农业防治。对茶树进行适当修剪,增加茶园通风透光度,可抑制其发生。加强茶园管理,进行中耕除草,清理茶园内的枯枝落叶和茶园周边其他寄主植物和杂草,改善园内和周边环境,可减少茶树黑刺粉虱的传播和越冬基数。

(2)物理防治。利用茶树黑刺粉虱有较强的趋黄性这一特性,选用黄板诱杀法进行田间监测和调查。黄板宜在茶树黑刺粉虱成虫期使用,应悬挂在茶树上方,板与板之间应间隔一定距离,一般挂225~300片/公顷,对茶树黑刺粉虱的种群数量有很好的控制作用。

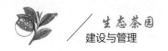

（3）生物防治。保护及利用茶园中的寄生蜂、蜘蛛等天敌，应用生防微生物韦伯虫座孢菌的菌粉喷施，或者喷施植物源、矿物源精油。

（4）药剂防治。根据虫情预报于卵孵化盛期喷扑虱灵、溴氰菊酯和联苯菊酯等触杀性农药进行防治，注意务必喷湿叶背。

（四）绿盲蝽

1.生活习性及为害症状

绿盲蝽是杂食性昆虫，其寄主植物主要有棉花、葡萄、茶、豆类、花卉、蒿类、十字花科蔬菜等，多达 38 科 147 种，广泛分布于各种农田生态系统。绿盲蝽在我国茶区均有分布，是茶园偶发性的吸汁类害虫，近年来在山东、江苏、湖北、陕西等省茶区逐步上升为重要害虫之一。

绿盲蝽虽然也是吸汁类害虫，但与叶蝉、蚜虫、粉虱等害虫将口针插入植株筛管和导管直接吸取营养的取食方式不同，绿盲蝽是典型的细胞取食者：将口针插入到植物细胞间隙和细胞内部，然后通过口针剧烈活动撕碎植物细胞，同时向外分泌唾液，将要取食的细胞变成一种泥浆状物质，然后将其吸入体内，因此会在相应取食部位留下一个孔洞，形成坏死点。受害的嫩叶上出现大量小黑点，随着受害芽叶继续生长，叶面呈现若干不规则的孔洞，或叶缘残缺破烂，受害处边缘褪绿变黄、变厚，最后呈现"破叶疯"症状。

绿盲蝽是多寄主昆虫，体形小，通体绿色，喜生活在隐蔽处，在茶园生境中存在迁移性。已有的报道表明，各茶区绿盲蝽一年发生 4~6 代，较为公认的是在秋季茶树开花期间（10 月份前后），绿盲蝽成虫从茶园周边杂草等植物中回迁至茶树，取食、交配、产卵，以滞育卵在茶树枯腐的鸡爪枝、冬芽鳞片缝隙处或周边杂草上越冬。翌年，当气温上升超过 6.28 摄氏度，越冬卵开始解除滞育，到 3 月底至 4 月下旬开始孵化。初孵若虫就近取食嫩芽、嫩叶危害茶树。第一代绿盲蝽整个若虫期有28~44天,一般为34.5天。若虫行动活跃,一般均于晨昏及阴天在芽梢上活动为害,日光稍强即爬至茶丛内隐藏。受惊吓也会沿枝干向下迅速逃避。据观察,1只绿盲蝽在若虫期可以刺吸1 000多次,除了满足自身生长发育需要外,还会在附近不同茶芽间转移为害,使周边茶梢出现聚集为害现象,因此少量害虫即可造成严重损失。成虫期为7~30天,一般在5月中下旬至6月上旬,第一代成虫陆续从茶园迁出,到周边杂草上生活(图6–16)。

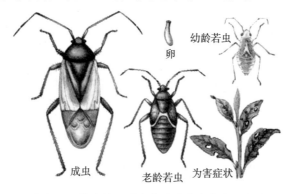

图6–16　绿盲蝽不同虫态及其为害症状示意图

2.防治方法

(1)农业防治。在茶园冬季管理期或春茶开采前,集中处理茶园周边杂草,减少越冬卵。同时利用绿盲蝽偏好蜜源食料和喜食豆科植物的特性,于9月底10月初在茶园周边种植冬豌豆,诱导绿盲蝽将越冬卵产在豌豆上,减少茶树上的越冬基数。

(2)物理防治。在绿盲蝽迁移前期(9月底10月初、翌年5月中旬)放置诱虫色板或绿盲蝽性诱剂,诱杀迁移的绿盲蝽成虫。

(3)生物防治。保护并合理利用茶园中的寄生蜂、草蛉、捕食性蜘蛛等天敌进行防控。

(4)药剂防治。根据虫情预报,建议在越冬卵孵化高峰期,使用植物源农药鱼藤酮、拟除虫菊酯类药剂进行防治,严格遵守安全间隔期。

五　茶丽纹象甲

1.生活习性及为害症状

茶丽纹象甲,又名茶小黑象鼻虫,茶农俗称"花鸡娘",体灰黑色,鞘翅具黄绿色闪光鳞斑与条纹。腹面散生黄绿或绿色鳞毛。局部茶区为害严重。幼虫在土中食须根,主要以成虫咬食叶片,致使叶片边缘呈弧形缺刻,严重时全园残叶秃脉,对茶叶产量和品质影响很大。成虫有假死性,遇惊动即缩足落地。

2.发生规律

茶丽纹象甲一年发生1代,以老熟幼虫在树冠下表土中越冬。次年3月下旬春暖后陆续作土茧化蛹,一般情况下,4月底成虫陆续羽化出土,5月中旬到6月份为成虫为害盛发期,并相继大量产卵,8月上旬零星可见,到8月中旬已难寻踪迹(图6-17)。各虫态的历期分别为:卵期7~15天,幼虫期270~300天,蛹期9~14天,成虫期50~70天。

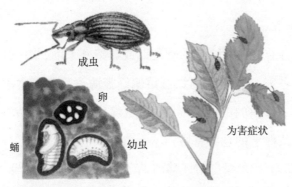

图6-17　茶丽纹象甲不同虫态及其为害症状示意图

茶丽纹象甲成虫自10~16日龄开始性成熟,有多次交尾习性,多在黄昏至晚间进行。每只雌虫产卵50~60粒,卵散产或3~5粒聚集产于树冠下落叶或表土中,幼虫栖息于土中,取食有机质和须根,老熟后在表土层内化蛹。成虫多在上午羽化,羽化后先潜伏于表土层中,经2~3天后出土取食。成虫善爬动,畏光,具有假死性。一般于清晨露水干后开始活动,中午阳光强烈时多栖息于叶背或枝叶间荫蔽处,以下午2时至黄昏活动最盛,夜间不活动。

茶丽纹象甲成虫出土的早迟受早春温度及降水量复合因子的影响,即成虫出土期随1—2月份气温的升高和3—4月份降水总量的减少而提前。夏季30摄氏度以上的高温会缩短成虫寿命,减少产卵量。长势郁闭和庇荫下的茶园一般虫口较多。茶树根基土壤疏松湿润,则有利于卵的孵化及幼虫和蛹的发育。

3.防治方法

(1)农业防治。耕翻松土,可杀除幼虫和蛹,在冬春季翻动茶丛下的表土,清除枯枝落叶,夏季耕翻茶园土壤,秋、冬季或早春结合中耕施基肥,对土中象甲卵、幼虫和蛹均具有明显的杀伤作用。

(2)物理防治。人工捕杀,利用成虫假死性,在成虫盛发期,地面铺塑料薄膜,然后用力摇晃茶树将成虫振落并将其集中消灭。

(3)生物防治。使用生防微生物白僵菌的可湿性粉剂,共使用2次,第一次结合秋、冬季翻耕土壤施在土壤中,第二次在成虫出土盛期前1周左右使用,喷雾使虫体接触药液。合理使用天敌,茶丽纹象甲的天敌主要有多种蜘蛛、蛙类和蜥蜴等。蜘蛛主要在落叶表土里搜寻、捕食茶丽纹象甲卵粒,具有明显的控制效果。

(4)药剂防治。绿色食品茶园、低残留茶园,按每平方米虫量在15头以上,于成虫出土高峰前喷施生物药剂鱼藤酮、苦参碱等植物源药剂。

(六) 茶小卷叶蛾

1.生活习性及为害症状

茶小卷叶蛾,俗称"包叶虫""卷心虫",多以幼虫卷结嫩梢新叶或将数

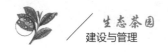

张叶片黏结成苞,幼虫潜伏其中取食,为害树叶。严重发生时大大降低茶叶品质和产量。

2.发生规律

茶小卷叶蛾在长江中下游地区一年发生 4~5 代。次年 4 月上中旬开始羽化。卵块多产于茶树中下部叶片背面,以老熟幼虫在虫苞中越冬(图 6-18)。各代幼虫始见期常在 3 月下旬、5 月下旬、7 月下旬、8 月上旬、9 月上旬、11 月上旬,世代重叠发生,成虫有趋光性。

图 6-18　茶小卷叶蛾不同虫态及其为害症状示意图

3.防治方法

(1)农业防治。人工摘除卵块、虫苞,降低虫口基数。并注意保护寄生蜂。

(2)物理防治。利用成虫的趋光性,以灯光诱杀成虫,降低虫口基数。

(3)生物防治。注意保护和合理利用寄生蜂和蜘蛛等天敌益虫。利用性信息素诱捕器进行田间成虫监测和防治,重点防治越冬代和第一、二代成虫,压低全年虫口基数。

(4)药剂防治。利用高效低毒的生物源药剂,在 1~2 龄幼虫期喷药防治。

七 茶尺蠖

1.生活习性及为害症状

茶尺蠖和灰茶尺蠖是茶树害虫尺蠖类的 2 个近缘种，也是茶园中最主要的食叶类害虫，常年发生，严重时可将茶树叶片食尽，对茶叶产量影响较大。现有的研究表明，茶尺蠖在浙江省主要分布于钱塘江以北，另外安徽郎溪以东和江苏大部分茶区也有发生，但分布范围比较小。灰茶尺蠖则分布于全国大部分产茶省，分布的范围比较广。少数地区两者同时存在，2 个近缘种的混发区为浙、苏、皖交界区域，呈带状分布。茶尺蠖主要以幼虫取食嫩叶危害茶树，多数时候单独为害，严重发生时则集中为害，会将茶树叶片全部吃光，仅留主脉。初孵幼虫爬到叶背取食下表皮，或静止倒挂在叶片背光处。1~2 龄幼虫在嫩叶的背面嚼食叶肉，留上表皮，逐渐食成小洞;3 龄后幼虫蚕食叶缘成"C"形缺刻,4 龄后幼虫食量增加,5 龄幼虫嚼食全叶，仅留主脉与叶柄。为害严重时可将嫩叶、老叶甚至嫩茎全部吃光，不仅严重影响当年茶叶产量，还导致树势衰弱,1~2 年难以恢复，对茶叶生产威胁很大。幼虫老熟后在茶丛中部叶片或枝叶间吐丝黏结叶片化蛹。其幼虫有吐丝下垂特性，成虫有趋光性。

2.发生规律

茶尺蠖成虫趋光性强，特别是雄虫，常在晚上 7 时后活动增强。卵散产，多产于茶树枝梢叶腋和腋芽处(占总产卵量的 85%以上)，每处产 1 粒至数粒，以单产居多。茶尺蠖以蛹在茶树冠下土中越冬，在浙江杭州一般年发生 6~7 代。翌年 3 月越冬蛹开始羽化为成虫，一般 4 月上旬第一代幼虫开始发生，为害春茶，幼虫发生期分别在 5 月上旬至 6 月上旬、6 月中旬至 7 月上旬，为害夏茶;7 月中旬至 8 月上旬、8 月中旬至 9 月上旬、9 月下旬至 11 月上旬，为害秋茶。各代幼虫发生期不整齐，世代重叠现象

明显(图 6-19)。

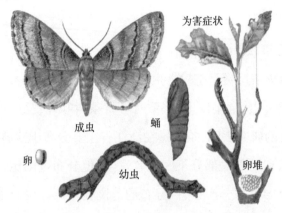

图 6-19　茶尺蠖不同虫态及其为害症状示意图

3.防治措施

(1)农业防治。结合秋冬深耕施肥,清除树冠下表土中的越冬蛹,降低虫口基数。

(2)物理防治。人工捕杀幼虫,根据幼虫受惊后吐丝下垂的习性,可在清晨或傍晚打落,集中消灭。

(3)生物防治。利用成虫的趋光性,在成虫盛发期,利用频振式灯对茶园中的茶尺蠖进行诱杀,以降低虫口基数。性诱剂诱杀,使用茶尺蠖性诱剂诱杀雄蛾,性信息素防治同时可用于茶尺蠖种群的动态监控和预测预报,以配合药剂防治。保护利用丰富的天敌资源,目前可在生产中应用的有茧蜂、姬蜂、蜘蛛等天敌。

(4)药剂防治。使用微生物菌剂,可利用苏云金杆菌、白僵菌、茶尺蠖核型多角体病毒等病原微生物对其进行防治。

八　茶树斜纹夜蛾

1.生活习性及为害症状

斜纹夜蛾又名夜盗虫、莲纹夜蛾、烟草夜蛾等,属鳞翅目夜蛾科灰翅夜蛾属。该虫主要分布于热带或亚热带区域,在亚洲、非洲和欧洲均有分布。在我国主要分布于长江流域、黄河流域及南方各省份,其中在茶树寄主上的为害记录包括福建、浙江、安徽、江西、河南。斜纹夜蛾幼虫取食茶树幼嫩的芽梢造成芽梢折断,并在茶树叶片上留下缺刻或孔洞。其幼虫具有昼伏夜出的习性,因此白天不容易被发现。

2.发生规律

20世纪90年代以前,鲜有斜纹夜蛾为害茶树的报道。但近些年来,在河南信阳、福建安溪、江西婺源、安徽宣城和浙江永嘉、温州、松阳、嵊州等地茶园中,陆续发现斜纹夜蛾局部暴发为害的情况。斜纹夜蛾以幼虫取食茶树芽叶和嫩茎危害茶树。初孵幼虫群集在卵块附近取食,受害叶片常被吃成网纱状,3龄后开始扩散为害,4龄后进入暴食期,将叶片咬成缺刻或孔洞,造成叶片残缺不全,吃成光杆后即转移到邻近植株为害(图6-20)。幼虫有假死性,遇到惊动则立即蜷曲滚落地面,4龄后有避光性,对阳光敏感,晴天躲在阴暗处或土缝里,夜晚和早晨出来取食。根据近些年斜纹夜蛾在茶树上的发生情况推测,该虫在茶园的成灾性暴发可能与其季节性迁飞习性有关。同时,茶园周边作物的耕作布局及茶园杂草也会对斜纹夜蛾的发生和扩散产生较大影响。

图6-20 茶斜纹夜蛾为害茶叶

3.防治措施

(1)利用天敌。自然界中的斜纹夜蛾天敌资源十分丰富,现有记载近170种,目前可在生产中应用的有甲腹茧蜂、黑卵蜂等。

(2)物理防治。灯光诱杀成虫,斜纹夜蛾对普通白色光源趋性不强,但对黑光灯具有较强的趋性,可使用频振式黑光灯对茶园中的斜纹夜蛾进行防治,降低虫口基数。

(3)生物防治。可在茶园中使用斜纹夜蛾性诱剂诱杀雄蛾。性信息素防治方法又可用于斜纹夜蛾种群动态监控和预测预报,以配合药剂防治。

(4)药剂防治。使用微生物菌剂,可利用苏云金杆菌、环链棒束孢、斜纹夜蛾核型多角体病毒等病原微生物对其进行防治。

九 茶毛虫

1.生活习性及为害症状

茶毛虫是鳞翅目毒蛾科黄毒蛾属的一种昆虫,是茶树重要的鳞翅目食叶类害虫之一,在我国大多数产茶省均有分布。它以幼虫取食茶树成叶为主,影响茶树的生长和茶叶产量。同时,幼虫虫体上的毒毛及蜕皮壳触及人体皮肤后,会引起皮肤红肿、奇痒。夏、秋季是茶毛虫高发的季节,严重时会导致成片茶园叶片被取食一空。一般来说,茶毛虫在田间发生时,常常成堆在一起,它们有时是在叶背围成一圈,有时是缠在一起,形成典型群聚为害区。

茶毛虫幼虫共有 6~7 龄,每增加 1 个龄期就要蜕皮 1 次。幼虫群集性强,在茶树上具有明显的侧向分布习性。1~2 龄幼虫为低龄幼虫,体淡黄色,着黄白色长毛,取食茶树叶片量不大,但常百余头群集在茶树中、下部叶背取食下表皮及叶肉,使叶片呈现半透明膜斑;蜕皮前群迁到茶树下部未被害叶背,聚集在一起,头向内围成圆形或椭圆形虫群,不食不动。蜕皮成 3 龄幼虫时常从叶缘开始取食,造成缺刻,并开始分群向茶行两侧迁移。4~7 龄进入高龄幼虫,体色为黄褐色至土黄色,随着龄期增加腹节亚背线上的毛瘤增加、色泽加深,这期间的幼虫取食量大,常数十头群集在一起由下而上取食茶树成叶,严重时可将茶丛叶片食尽。

2.发生规律

以卵块在老叶背面越冬。各代幼虫发生为害期分别在 4—5 月份,6—7 月份,8—10 月份。一般以春、秋两季发生重。雌蛾产卵于老叶背面。幼虫 6~7 龄,具群集性,3 龄前群集性强,常数十头至数百头聚集在叶背取食下表皮和叶肉,留上表皮呈半透明黄绿色薄膜状。3 龄后开始分群迁散为害,咬食叶片呈缺刻。幼虫老熟后爬至茶丛根际枯枝落叶下或浅土中结茧化蛹。成虫有趋光性。

幼虫老熟后爬到茶丛基部枝丫间、落叶下或土隙间结茧化蛹。蛹呈圆锥形,浅咖啡色,疏披茶褐色毛,蛹外有黄棕色丝质薄茧。蛹羽化后进入成虫阶段,成虫翅展为 20~35 毫米,雌蛾翅为琥珀色,雄蛾翅为深茶褐色,雌、雄蛾前翅中央均有 2 条浅色条纹,翅尖黄色区内有 2 个黑点。成虫产卵于茶树中、下部叶背,卵扁球形、淡黄色,卵块椭圆形,上覆黄褐色厚绒毛(图 6-21)。

图 6-21　茶毛虫不同虫态及其为害症状示意图

茶毛虫一般以卵块在茶树中、下部叶背越冬,少数以蛹及幼虫越冬,一年发生 2~3 代。第一代茶毛虫幼虫常出现在 5 月中下旬,而第二代幼虫会出现在 7 月下旬到 8 月上旬,部分第三代幼虫会出现在 9—10 月份。如果出现茶毛虫第一代幼虫,一般不需要专门防治。因第一代虫量少,不会对茶叶生产造成影响,有时可能在防治其他害虫时,不经意间就压低了茶毛虫的幼虫数,或可以兼治。但第一代幼虫出现,并在田间明显可以看到的话,一定要注意第二代幼虫的发生,同时采取必要的预防措施。

3.防治措施

(1)农业防治。结合修剪,利用茶毛虫具有群集性的特点,人工摘除田间卵块和虫群,降低虫口基数。

(2)物理防治。利用茶毛虫成虫的趋光性,在第二代成虫羽化期间,安装杀虫灯诱杀成虫,降低虫口基数。

(3)生物防治。目前针对茶毛虫的性诱剂诱杀技术已很成熟,可在田间悬挂性诱剂诱捕器,诱捕茶毛虫成虫。同时这也是一个非常有效地掌握田间茶毛虫发生量和发生时期的预测预报方法。

(4)药剂防治。使用微生物菌剂,可利用苏云金杆菌、白僵菌、茶毛虫核型多角体病毒等病原微生物以及植物源药剂苦参碱、鱼藤酮等对其进行防治。

▶ 第五节　茶园杂草绿色防控技术

一　杂草为害及杂草种类

杂草是指能够在人工生境中自然繁衍其种族的植物。杂草的生命力强,其生殖能力、再生能力和抗性都强,一般具有比作物更强的竞争力。一方面,茶园杂草与茶树争肥、争水、争阳光,又是许多病虫害的中间寄主,杂草泛滥严重危害茶树生长。另一方面,合理管理的杂草在维持土壤肥力,减少土壤侵蚀,提高土壤生物活性方面有一定作用;杂草通过充当许多害虫的次生寄主,如提供害虫的食物,吸引害虫取食而减轻害虫对作物的为害;杂草或可产生趋避害虫的化合物,或可为害虫天敌提供花粉、花蜜和越冬场所;有些杂草还可作为牲畜饲料和有机肥源。因此,要认识杂草既有害又有利的双重性。

茶园杂草种类繁多,不同地区、不同生态条件、不同耕作制度、不同管理水平,其杂草的种类、分布、群落、为害等都不一样。安徽省茶园常见杂草有 152 种,以菊科和禾本科为主,有害杂草为 45 种,其中以野艾蒿、小蓬草、一年蓬、马唐、狗尾草、白茅、狗牙根、碎米莎草、水蓼、杠板归、蕨、打碗花、乌蔹莓为害最为严重。

二 茶园草害发生规律与防治

马唐、狗尾草、牛筋草、白茅和香附子为世界性分布的农田恶性杂草。每年有 2 个高峰期:4 月下旬至 5 月上旬,7 月上旬至 8 月上旬。防治茶园杂草是茶树栽培中的一项重要内容,工作量大、季节性强。人工除草面临着劳动力不足、成本高的问题,化学除草成本低,但国家、地方政府倡导或立法禁用除草剂。茶园草害问题日益凸显,如何做好绿色防治成为生态、高效栽培所面对的共性技术难题。

茶树为多年生作物,对于花园有害杂草的控制主要采用农业技术措施、机械除草、覆盖抑草、生物防治等相结合的方法。

1.农业技术措施

新垦茶园或改造衰老茶园、复垦荒芜茶园时,耕种操作会诱使土表草

籽萌发,因此移栽前须进行人工锄草,对园内宿根性杂草及其他恶性杂草(如白茅、蕨类、杠板归、狗牙根、艾蒿等)的根、茎必须彻底挖除,或每亩使用 57%液状石蜡 3 升,稀释 15 倍喷施。在幼龄茶园间作大豆或花生,可减少杂草危害。春季茶苗栽植后进行间作,以不影响茶树正常生长为宜。行间覆盖有机系统的农林废弃物以抑制杂草。含杂草种子的有机肥须经无害化处理,充分腐熟,以减少杂草种子传播。加强有机茶园肥培管理和树冠管理,促进茶树生长,快速形成茶树树幅是防治行间杂草最好的农技措施之一。

2.机械除草

机械除草是指利用农业机械设备来实施除草的一种技术措施,是一种非化学除草方法。根据除草原理,通常把机械除草技术分为耕地式除草和刈割式除草。耕地式除草机器模拟人工锄草,翻动土壤破坏杂草根系,一般以燃油为能源。山地茶园耕地式除草机多选择具有除草、耕作功能的茶园微耕机,但目前市场上该类产品质量良莠不齐,除草效果需要在生产实践中进行验证与评估。茶园微耕机一般选配功率大于 2.0 千瓦的机型,工作重量低于 30 千克,耕幅在 45 厘米左右,耕深不低于 20 厘米,机身轻,操作简便、安全的产品。茶园除草微耕机效率不高,一天耕作除草 5 亩左右。刈割式除草机(割草机),以侧挂背负式圆盘割草机最为常见,配合不同刀片与打草绳,切割不同类型的杂草。成龄茶园行间除草效果好,功效较高,一般每台割草机每日可割除茶园杂草 8 亩以上,但对幼龄茶园使用效果不佳。

茶园机械除草相对人工除草效率高,操作简便,但对幼龄茶树株(丛)间及根部生长的杂草无法割除,需要人工铲除或拔除。此外,机械刈割还可能促进杂草二次生长,茶树生长期内需要多次防治。今后茶园除草机械的研发重点应围绕山地茶园、幼龄茶园除草需求开展,同时在智能化识别杂草、主动避开茶树,无人设备除草等方面进行技术攻关。

3.覆盖除草

覆盖除草指在茶园利用无生命的物质(如秸秆、稻壳、腐熟有机肥、黑膜、防草布等)人工覆盖或有生命的植物(如豆科绿肥、农作物、其他种植的植物)生草覆盖,在一定的时间内遮盖茶园垄面或行间,阻挡杂草萌发和生长的一种茶园杂草防治方法。覆盖除草分人工覆盖抑草和生草覆盖抑草两种。人工覆盖抑草属于物理除草方法,生草覆盖抑草则属于生物抑草方法。覆盖除草简便、易行、高效,是茶园绿色控草的一种常用措施。覆盖除草技术一般针对一年生杂草有较好防效,对多年生杂草防效较差。

人工覆盖材料包括天然材料和合成材料,天然材料如稻草、稻壳、锯末和茶树修剪物等农业废弃物,一般覆盖厚度为 10 厘米左右,具有调节地温和减少土壤表层水分蒸发的作用。天然材料覆盖后应定期检查腐烂情况,及时补充,并人工拔除长出的杂草。由于天然材料用量大,人工搬运及覆草成本高,茶园生产中应用逐渐减少。合成材料常见为聚乙烯黑色地膜和以聚丙烯或聚乙烯为材料的扁丝编织防草布。防草布具有遮光性强、耐踩踏、透气透水、铺收方便、使用寿命长等优点。茶园防草布应选择黑色、使用年限最少为 3 年的聚乙烯 80、聚乙烯 90 或聚丙烯 85 材质的。为减少裁剪造成的工时浪费和材料损失,应尽量选择与实际种植行间距或垄面宽度相对应的宽度。全园覆盖时, 一般新建茶园选择 1.5 米宽,未封行茶园可选择 1.2 米宽,每亩茶园需要 450 米,整行铺设。防草布铺设时间,秋季移栽种植的新茶园可在第二年春季定型修剪、第一次浅耕施肥后进行;春季移栽茶园种植完成后可立即进行。未封行茶园可在采茶后、修剪施肥完成后进行。清理地面枯枝杂草、石头等硬物,平整后开始铺设防草布。防草布覆盖应不定期检查,在杂草高峰期,及时组织人

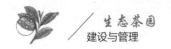
工拔除防草布开口处及防草布表面少量滋生的杂草。追肥最好使用滴灌,配套使用水肥一体化设施,滴灌最好放置于防草布之下。茶园覆盖防草布抑草的成本远低于传统的人工除草,防草布抑草效果明显,茶树生长期(3—10月份)平均防效在80%以上,但覆盖方法与后期管理对杂草控制效果影响大。由于黑色地膜不透气、不透水、易破损、难回收,易造成环境污染,生产上逐渐被编织型防草布代替。

4.生物除草

生物除草指利用不利于杂草生长的生物天敌,如其他草类、农作物、食草动物来控制茶园杂草的发生、生长蔓延和为害的杂草防除方法。采用生物措施防治杂草,能干扰或破坏杂草的生长发育、形态建成、繁殖与传播,使杂草的种群数量和分布控制在茶园管理与茶树生长不受其太大影响的水平之下。生物防治具有不污染环境、不产生药害、经济效益高等优点,同时也比农业防治、物理防治要简便,是今后茶园草害控制的研究方向。

(1)以草抑草。在茶园行间人工种草或自然生草,覆盖行间,控制杂草生长,又称生草覆盖,是一种茶园生物抑草的技术方法,也是一种传统茶园栽培管理技术措施。茶园生草后,草类以一定的生物量提前占据茶园空白生境,形成优势物种,使得杂草无法获得充足的光照、水分、空间等生长条件,从而抑制其萌发、生长。茶园以草抑草适合各类茶园草害控制,并能改善土壤结构,有很强的生态调节作用。茶园以草抑草分为人工种草、自然生草两种模式。人工种草在茶园行间播种豆科或禾本科等植物,定期刈割或不刈割,割下的茎秆覆盖茶树根际地面。常用的草种有禾本科草类,包括鼠茅草、黑麦草、百喜草、沿阶草、早熟禾等;豆科草类,包括白三叶、平托花生、紫花苜蓿、圆叶决明、黄花羽扇豆、毛叶苕子、茶肥1号等。茶园种植鼠茅草抑草时,对于幼龄茶园,不能满园播种,建议与防草布连用,即茶树基部两侧覆盖防草布,行间种植鼠茅草;对于成龄茶园,行间开沟施基肥后,再进行播种。鼠茅草种植时期一般为10月中旬前后,可根据当地气候条件调整播种时间,视情况提前或者推后,一般北方茶区比南方茶区播种早,高山茶区比平地丘陵茶区早。在茶园行间播种,行宽度为50~60厘米,每亩茶园需要1千克左右。播种前,需将园内杂草全部清除, 可根据园地具体情况选择人工浅耕或用微耕机旋耕10厘米深左右,整平整细地面。先施基肥后再播种。播种时将鼠茅草种子和细沙按1:10的比例混合均匀,然后进行播种。播种后用铁耙轻拉一遍,做到覆土要薄、镇压要实,防止吊干种子,影响出苗。播种后不需要特别管理,秋、冬季严重干旱时应进行浇水保苗。第二年春天,3月上中旬,浇一次返青水,并追施氮肥,每亩需增施纯氮5千克,以促进鼠茅草在春季快速生长,从而及时覆盖地表,抑制杂草生长。在杂草发生高峰期,不定期对茶园中的恶性杂草组织人力进行拔除。鼠茅草生长至3~5年后,生长衰弱,应及时翻压更新。种植鼠茅草,以草抑草,不需要刈割,连续生草2年后杂草防效接近90%。自然生草保留茶园行间自生自灭的良性杂草,铲除恶性杂草。选择保留的草类一般有虎尾草、斑种草、虱子草、蒲公英等。可以在茶树种植前,先对园地进行自然生草1~2年,然后开垦、整地移栽。自然生草要控制留养草类的高度,及时清除茶行间植株高大或有攀缘习性的恶性杂草,如葎草、牵牛花、菟丝子、藜、苘麻、商陆等。茶园以草抑草具有抑草效果明显、减少水土流失、调节地温、保蓄土壤水分、提高土壤肥力和节省劳力等优点,但茶园中草类也与茶树争夺水分、养分,特别是在5—9月份。因此,应采取相应措施减少不利影响,如在旱季刈割、及时灌溉与保水,增施追肥量等,并预防生草引发茶园病虫害。

(2)行间套作抑草。在幼龄或未封行茶园行间密集种植具有一定经济价值的作物,如大豆、绿豆、花生、荞麦、芋头等农作物,以及金钱草等中

药材来抑制杂草的发生。间作抑草应视茶树行株距、茶树年龄、间作物种类等来确定。常规种植的茶园,1~2年生茶树可间作2行;3~4年生茶树,因根系和树冠分布较广,行间空隙较少,只能间作1行,不宜种高秆作物。行间套作抑草时,管理上需要对作物进行控旺,避免影响到茶树生长。

(3)动物抑草。利用食草动物(鸡、鹅、羊等)活动踩踏杂草、觅食杂草茎叶、种子来控制杂草生长。茶园通过放养食草动物,还可以增加茶园通风,其粪便还可增加土壤有机质,动物的出售还可获得额外的收益。动物抑草适用于成年茶园,应选择生存能力强、效益较高的动物品种,根据茶园的地形地势、茶园覆盖度等控制放养数量,不宜过多,否则易造成土壤板结影响茶树生长。

茶园养鸡对茎秆细,高度低于35厘米以下的杂草、平地杂草有一定除草效果,但对坡度较陡处杂草防治效果不佳。应选择体型小、善于运动、对环境要求低的鸡品种,以体重0.25千克左右、粗毛基本长齐丰满及活动自如的健雏为宜。茶园养鸡应该采用较低密度养殖。鸡放养密度一般以每亩茶园80羽左右,放置移动鸡舍2~3栋为宜。

茶园养羊能够很好地清除对茶园危害较大的杂草,特别是蕨类、蔷薇科、马齿苋科、十字花科等。茶园养羊应网格圈养放牧,建围栏与配套羊舍,按照每2亩茶园放养1头羊的密度为宜,同时应辅助人工除草。茶园放养应选择集中连片茶园,养殖管理人要具有一定的养殖技术,要备足越冬草料。

有机茶是指在原料生产过程中遵循自然规律和生态学原理，不使用化学合成的农药、肥料、除草剂及生长调节剂等物质，采取有益于生态和环境的可持续发展的农业技术以提高产量和品质，在加工过程中不使用合成的食品添加剂，并经有机认证机构审查颁证的茶叶及相关产品。有机茶园是指遵照《有机产品生产、加工、标识与管理体系要求》（GB/T 19630—2019）和《茶生产技术规程》（NY/T 5197—2002）规定的生产原则，在茶园管理过程中不采用基因工程获得的生物及其产物，不使用化学合成的农药、化肥、生长调节剂等物质，遵循自然规律和生态学原理，协调种植业和养殖业的平衡，采用可持续的农业技术以维持稳定的生产体系，并经有机认证机构审查颁证的茶园。

第一节　有机茶园基地建设

一　有机茶园生产条件

有机茶园要求茶园土壤土层深厚，通气良好，有机质丰富，营养元素平衡，排水性能良好，符合《农用地土壤污染风险管控标准》（GB 15618—2018）的要求。茶园灌溉水质应清洁卫生，没有污染，符合《农田灌溉水质标准》（GB 5084—2021）的规定。茶园环境空气质量应不低于《环境空气

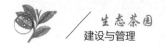
质量标准》(GB 3095—2012)中二级标准的规定。

二 有机茶基地选择

有机茶园应符合《有机产品生产、加工、标识与管理体系要求》(GB/T 19630—2019)和《有机茶产地环境条件》(NY 5199—2002)的规定,生态环境优良,自然植被丰富,远离城区、工矿区、交通主干线、工业污染源、生活垃圾场等,茶园与交通干线、工厂和城镇之间保持一定距离(至少500米)。有机茶园种植区与常规农业之间,应有200米以上的隔离带,应以河流、湖泊、自然植被、林木等作为有机茶园种植区与常规农业的隔离带。

三 新建有机茶基地规划和建设

1.新茶园规划

根据茶园基地的地形、地貌,合理设置茶厂(场)、种茶区、道路、排蓄灌水利系统,以及防护林带、绿肥种植区和养殖业区等,便于茶园排灌、机械作业和田间日常作业。

首先要设置合理的道路系统,连接茶厂、茶园和厂外交通。茶园道路由主干道、支道、步道、环园道组成。茶园主干道设置路宽为3~5米,支道要求宽2~3米,视山形及茶园面积而开筑;步道与茶行垂直或成一定角度衔接,路宽1.5米,以每10~15行茶树设1条为宜;环园道设在茶园四周边缘。

在茶园上方与山林交界的地方,横向设置隔离沟,隔绝雨水径流,两端与天然沟渠相连。茶园路边、坡地、沟边应植树种草,茶园内根据地势应修建竹节沟(或鱼鳞坑)、蓄水池等。有条件的茶园建立节水灌溉系统。

在每片茶园附近应修建一个积肥坑(池),平时不断往其中堆积各种有机物料(如杂草、秸秆、畜粪、绿肥等),腐熟后,供茶园施用。顺坡设置纵沟,可利用原有溪沟,排除茶园中多余的地面水。与茶行平行设置横沟。坡地茶园每隔 10~15 行开 1 条横沟,以蓄积雨水灌溉茶园,多余的雨水可排入纵沟。

2.茶园开垦

坡度为 15 度以下的平缓坡地可直接开垦,翻垦深度在 50 厘米以上。坡度为 15~25 度的坡地,按等高水平线筑梯地,梯面宽度应在 2 米以上。不宜种植茶树的区域,应保留自然植被。山顶和山脚应保留一定的绿化带种植林木和隔离林。对于面积较大(7 公顷以上)且集中连片的茶园,每隔一定面积应保留或设置一些林地,该林地区域内原有的较高大的树木尽量保留,集中连片的茶园,宜适当种植遮阳树。保护茶园内各种害虫的天敌等生物及其栖息地,增进生物多样性。

3.茶园水土保持

在人行道、主渠道、陡坡和沟谷边等水土易被冲刷的地方种植绿化树。所种绿化树的树种要选用常绿且与茶树无共同病虫害的经济型或观赏型树种。茶园四周和茶园内不适合种茶的空地宜植树造林和种草,梯壁、坎边种草,茶园的上风口应营造防护林。对于较陡的坡地、水土流失严重的茶园,应退茶还林。

4.茶苗选择

所选茶苗品种应适应当地的气候、土壤和所生产的茶叶类型,并对当地主要病虫害有较强的抗性。早生、中生与晚生品种宜合理搭配;应选择有机种子或茶苗,但在无法得到经认证的有机种子和茶苗时,可使用未经禁用物质处理的常规种子与茶苗。茶苗质量应符合《茶树种苗》(GB 11767—2003)中规定的 2 级及以上标准。

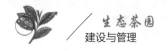

四 常规茶园(含荒芜和失管茶园)向有机茶园转换

常规茶指未按照《茶生产技术规程》(NY/T 5197—2002)有机茶生产技术规程生产的茶叶。由常规茶生产向有机茶生产发展需要经过转换,经过转换期后收获的茶叶才可作为有机茶销售。有机茶生产的转换期应不少于36个月(撂荒36个月以上的或有充分证据证明36个月以上未使用禁用物质的地块,也应有不少于12个月的转换期),转换期内应完全按照有机茶生产的要求进行茶园管理。处于转换期的茶园如果使用了有机茶生产中禁止使用的物质,应重新计算转换期。

1.基础条件

常规茶园在符合《有机产品生产、加工、标识与管理体系要求》(GB/T 19630—2019)和《有机茶产地环境条件》(NY 5199—2002)规定的前提下,加上生态环境优良、自然植被丰富,且远离城区、工矿区、交通主干线、工业污染源、生活垃圾场等,可升级改造为有机茶园。应以河流、湖泊、自然植被、林木等作为有机茶园种植区与常规农业种植区的隔离带。检测该茶园土壤质量、灌溉水质、环境空气质量和茶叶中农残、重金属的含量,如符合有机认证要求,可制订有机转换计划,建立并运行有机茶生产经营管理体系。

2.转换期管理

经认证机构认证后,取得有机产品转换证书,进入转换期。转换期应按照《有机产品生产、加工、标识与管理体系要求》(GB/T 19630—2019)和《茶生产技术规程》(NY/T 5197—2002)的规定进行管理,并对茶园生态环境做进一步改善,加强基础设施建设,按计划实施土壤培肥和病虫草害控制,促进茶叶生产可持续发展。

▶ 第二节　有机茶园土壤管理

一　有机茶园施肥技术

1.肥料选择

有机肥是指符合《有机产品生产、加工、标识与管理体系要求》(GB/T 19630—2019)和《有机肥料》(NY/T 525—2021)的规定、经有机认证机构认证、无公害化处理的堆肥、沤肥、厩肥、沼气肥、绿肥、饼肥及有机茶专用肥等。矿物源肥料、微量元素肥料和微生物肥料,只能作为培肥土壤的辅助材料。微量元素肥料在确认茶树有潜在缺素危险时作为叶面肥喷施。微生物肥料应是非基因工程产物,并符合《微生物肥料》(NY 227—1994)的要求。有机茶园不应使用化学肥料和含有毒、有害物质的城市垃圾、污泥和其他物质等。

有机茶园允许施用的肥料:①不含有任何禁止使用的物质,并经过50~70摄氏度高温堆制处理数周的堆(沤)肥,如食用菌培养废料和用蚯蚓培养机质的堆肥;②经过堆腐和无害化处理的畜禽粪便;③经过堆腐充分腐解的非化学处理过的各种水产品下脚料;④天然植物种子的油粕,其中茶籽饼、桐籽饼等要经过堆腐,豆籽饼、花生饼、菜籽饼、芝麻饼等饼肥可直接施用(漫出粕不能用);⑤未经化学处理过的血粉、鱼粉、骨粉、蹄角粉、皮毛粉、蚕蛹、蚕沙等;⑥绿肥,豆科绿肥最佳;⑦山草、水草、园草和不施用农药和除草剂的各种农作物秸秆等,最好经过暴晒、堆沤后施用;⑧不受污染和不含有害物质的磷矿粉、钾矿粉、硼酸盐、微量元素、镁矿粉、天然硫黄、石灰石等;⑨以动、植物为原料,采用生物工程制

造的含有各种酶、氨基酸及多种营养元素的肥料,并经过有机产品认证机构认证的有机叶面肥;⑩经过无害化处理的畜禽粪便加锌、锰、钼、硼、铜等微量元素,采用机械造粒而成的经过有机产品认证机构认证的半有机肥料;⑪钙镁磷肥、脱氟磷肥;⑫通过沼气发酵后留下的沼液和沼渣等;⑬以生物发酵工业废液干燥物为原料,配以经无害化处理的畜禽粪便、食用菌废料混合而成的经过有机产品认证机构同意的肥料。

另外,有些肥料被允许在有机茶园中施用,但须在一定条件下才可施用。例如,人粪尿要按照相关要求经过充分腐熟和无害化处理后方可施用;天然的硫黄矿粉或硫黄,只限于土壤缺硫或土壤酸度过小,pH 大于 6.6 以上才可施用;天然的明矾,只限于土壤偏中性,pH 大于 6.6 以上,作为土壤改良剂时才可施用;硫酸铜、硫酸锌、硫酸锰、钼酸钠(铵)、硼砂等,只有在缺少确定元素的条件下才可施用,喷洒浓度小于 0.01%,最后一次喷肥必须在采茶前 20 天进行。

2.施肥方法

基肥施用时期适当要早,对于长江中下游广大茶区,要力争在 10 月上旬施完。江北和华南茶区因气候不同可适当提前或推迟施肥。基肥于当年秋季开沟深施,成龄茶园开沟深度在 25 厘米左右,幼龄茶园的开沟深度不低于 15 厘米,施后覆土。施用量一般为每公顷施饼肥 3 000~6 000 千克,或施腐熟农家肥(畜栏肥、堆肥等)15 000~30 000 千克。

追肥分春季追肥和夏、秋季追肥。春季追肥在春茶开采前 1 个月施入,早施春肥才能起到"催芽"的作用。长江中下游广大茶区有机茶园在 2 月下旬至 3 月上旬追施春肥是比较合适的。早芽种要早施,迟芽种要晚施。施肥深度可较基肥浅,一般 10~15 厘米即可。对于采春茶外还采夏、秋茶的茶园,应分别在采完春茶、夏茶后进行夏茶、秋茶的追肥,夏肥一般为 5 月中下旬施用,秋肥的施用要避开"伏旱"时期。

二　有机茶园间作技术

1.有机茶园间作绿肥

有机茶园间作绿肥可以增加茶园行间的绿色覆盖度，减少土壤裸露程度，降低地表径流，增加雨水向土壤深处渗透，减少水土流失。另外，绿肥根系发达，尤其是豆科绿肥作物有共生的固氮菌，可以固氮，它在行间生长不仅可以促使深处土壤疏松，而且还可增加土壤的有机质，提高氮素含量。茶园间作绿肥可以改善茶园生态条件，冬绿肥可提高地温，减少茶苗受冻程度，夏绿肥可起到遮阳、降温的效果。

适合有机茶园种植的绿肥品种有很多，种植时要根据当地气候条件、土壤特点、茶树品种和种植方式、茶树树龄和绿肥作物本身的生物学特性等选择品种。有机茶园缺氮是一个大问题，选择绿肥应首先考虑选择固氮能力强、含氮高的豆科作物，虫害多的茶园可选择对虫害有驱赶性的非豆科作物。一般在长江中下游茶区，作为种植前先锋作物的绿肥，尽量选择耐瘠、抗旱、根深、植株高大、生长快的豆科绿肥，如圣麻、大叶猪屎豆、决明豆、羽扇豆、毛曼豆、田菁、印度豇豆、肥田萝卜等。1~2年生中小叶种幼龄茶园，尽量选择矮生或匍匐型豆科绿肥，如小绿豆、伏花生、矮生大豆等，既不妨碍茶树生长，又起到保持水土的作用。2~3年生幼龄茶园，可选用早熟、速生的绿肥，如乌可豆、黑毛豆、泥豆等，可防止茶树与绿肥之间生长竞争的矛盾。在长江以北的茶区，冬季可选用毛叶苕子等，它既可作为肥料又可起到土壤保温的作用。

2.有机茶园放养家禽

在有机茶园中放养山羊、兔、鹅等食草动物，可抑制草害。利用鸡、鸭喜食茶尺蠖幼虫和蛹的习性，在翻耕后放养鸡、鸭啄食土中幼虫和蛹，可起到抑制害虫的作用。

3.有机茶园土壤管理技术

（1）定期监测土壤肥力水平和重金属元素含量。一般要求每3年检测一次。根据检测结果，有针对性地采取土壤改良措施。

（2）茶园饲养蚯蚓是有机茶生产的重要土壤管理措施之一。蚯蚓可吞食茶园枯枝烂叶，使未腐解的有机肥料变成粪便，促进土壤有机物腐化分解，加速有效养分释放，提高土壤肥力。蚯蚓的大量繁殖和生长，可疏松土壤，增加土壤孔隙度，有利于茶树根系的生长。蚯蚓躯体具有含氮很高的动物性蛋白质，其在土壤中死亡腐烂后又是很好的有机肥料。

（3）浅耕松土可以疏松土壤、除去杂草、消灭土壤病虫、促进土壤熟化、提高土壤有效养分等。一般有机茶园在春茶开采前要结合除春草及清理冬天落下的枯枝落叶进行1次浅耕，深度在10厘米左右；春茶结束后因行间受采茶工人的踩踏，也要进行一次浅耕松土；6月份以后长江中下游广大茶区正是梅雨季节，杂草生长快，梅雨结束后要结合除"梅草"进行1次削草浅耕；8—9月份正是秋草开花结实时期，除草对防治第二年杂草生长有重要意义；立秋后也要进行一次浅耕，这时浅耕还可以切断土壤毛细管，防止根层土壤水分的蒸发，有较好的保墒作用。浅耕一般以耕作深度不超过15厘米为宜。

（4）一般1年进行1次或2年进行1次深耕，也可用隔行深耕的方式分2年完成，在每年茶季结束后尽早进行。长江中下游茶区以9月下旬至10月下旬为宜。配合施基肥，一般耕作深度为15~25厘米，深耕部位应距茶树远一些，以免损伤茶树根系。除此之外，有机茶园还可以因地制宜免耕、减耕。如果有机茶园行间杂草少，土壤较疏松，可以采取免耕，即每年把大量的有机肥和枯枝落叶等铺在行间，防止土壤裸露，使土壤上的有机层保持松软且富有弹性，每当茶树进行重修剪时进行一次深耕，把土表的有机质翻入土中，这样周期性地进行。

（5）土壤 pH 低于 4.0 的茶园，宜施用白云石粉等物质调节土壤 pH 至 4.5 以上。土壤 pH 高于 6.5 的茶园应多选用生理酸性肥料调节土壤 pH 至适宜的范围。土壤相对含水量低于 70%时，茶园应节水灌溉。灌溉用水须符合《农田灌溉水质标准》（GB 5084—2021）的要求。

（6）茶园铺草有提高土壤肥力、抑制杂草、防止水土流失、稳定土壤热变化的作用，还可降低采茶期间采茶人员对土壤的踩踏强度。茶园铺草可以将修剪枝叶和未结子的杂草作为覆盖物，外来覆盖材料如作物秸秆等应未受有害、有毒物质的污染，以铺盖后不见土面为宜，一般草层厚度在 10~15 厘米。茶园铺草全年均可进行，铺草时应采用顺坡横向铺盖并稍加泥土压盖，以阻断地表径流，提高茶园接纳雨水的能力。

（7）培肥土壤。可以在行距较宽、幼龄和台刈改造的茶园间作豆科绿肥，以培肥土壤，但间作的绿肥或作物必须按有机农业生产方式栽培。也可以将茶园内各种有机物料（如杂草、秸秆、畜粪、绿肥等）堆积腐熟后供茶园施用。

第三节　有机茶园病虫害的防治

防重于治，从茶园生态系统出发，以农业防治为基础，综合运用物理防治和生物防治措施，创造不利于病虫滋生而有利于各类天敌繁衍的环境条件，增进生物多样性，保持茶园生态平衡，减少各类病虫害所造成的损失。

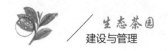

一 有机茶园病害防治措施

茶树芽叶部病害主要有茶饼病和茶白星病,还有茶云纹叶枯病、茶轮斑病、茶炭疽病、茶褐色叶斑病、茶赤叶斑病和茶芽枯病等。其中,茶轮斑病、茶炭疽病、茶褐色叶斑病、茶赤叶斑病都是以危害茶树成叶、老叶为主,在叶部形成大型病斑,引起大量落叶,致使树势衰弱,产量下降;茶芽枯病主要危害幼嫩芽叶,使芽叶枯焦、大量减产。茶树茎部病害主要有茶梢黑点病、茶黑腐病、茶红锈藻病及苔藓地衣类等。茶树根部病害主要有茶苗白绢病、茶苗根结线虫病和根腐病。

茶树病害主要防治措施:

(1)保持有机茶园的生物多样性,栽种抗性强的茶树品种。

(2)开垦茶园时清理树木残桩,翻耕暴晒土壤,在夏季烈日下用薄膜覆盖土壤,高温杀死线虫等病原体。

(3)及时采摘符合标准的芽叶。

(4)加强茶园管理,培育健壮树势,增强茶树抗性;增施有机肥,合理耕锄,清除杂草,雨季开沟排水降低湿度,茶园铺草以利保墒;根据病情对老龄树、病重茶园采取修剪、台刈等措施。

(5)在生产季节摘除感病芽叶,秋季深耕施肥时将根际枯枝落叶深埋土中。

(6)及时挖除病株及可能感染的相邻茶树,并妥善处理土壤。

(7)根据病情需要,可以使用多抗霉素和波尔多液,也可在秋冬季节结合害虫防治使用矿物源农药石硫合剂。

二 有机茶园虫害防治措施

1.常用防治措施

(1)农业防治:换种改植或发展新茶园时,选用对当地主要病虫抗性较强的品种;分批多次采茶,采除茶白星病、假眼小绿叶蝉等为害芽叶的病虫,抑制其种群发展;通过修剪,剪除分布在茶丛中上部的病虫,秋末结合施基肥,进行茶园深耕,减少土壤中越冬的鳞翅目和象甲类害虫的数量;将茶树根际落叶和表土清理至行间深埋,防治叶病和在表土中越冬的害虫。

(2)物理防治:采用人工捕杀,减轻茶毛虫、茶蚕、蓑蛾类、卷叶蛾类、茶丽纹象甲等害虫的危害;利用害虫的趋性,进行灯光诱杀、色板诱杀、性诱杀或糖醋诱杀。

(3)生物防治:保护和利用当地茶园中的草蛉、瓢虫和寄生蜂等天敌昆虫,以及蜘蛛、捕食螨、蛙类、蜥蜴和鸟类等有益生物,减少人为因素对天敌的伤害;允许有条件地使用生物源农药,如微生物源农药、植物源农药和动物源农药。

(4)农药使用准则:禁止使用和混配化学合成的杀虫剂、杀菌剂、杀螨剂、除草剂和植物生长调节剂;植物源农药宜在虫害大量发生时使用。矿物源农药应严格控制在非采茶季节使用;从国外或外地引种时,必须进行植物检疫,不得将当地尚未发生的危险性害虫随种子或苗木带入。

2.常见虫害主要防治措施

1)茶尺蠖主要防治措施

(1)在茶尺蠖越冬期间,结合秋冬季深耕施基肥,清除越冬蛹,降低越冬基数;或结合培土,在茶丛根际培土10厘米,并压紧。

(2)养殖鸡、鸭除虫,利用鸡、鸭均喜食茶尺蠖幼虫和蛹的习性,在翻

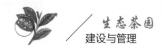
耕后放养鸡、鸭啄食土中的蛹。

(3)茶尺蠖成虫具有较强的趋光性和趋化性,可在成虫高发期通过灯光诱杀和糖醋诱杀成虫。

(4)利用蜘蛛、步行虫等捕食性天敌。

(5)生物药剂防治。在茶尺蠖 1~2 龄幼虫期,喷施茶尺蠖核型多角体病毒 Bt 悬浮剂 1 000 倍液或苏云金杆菌悬浮剂 500~800 倍液。

(6)用适宜的植物源农药进行防治。

2)茶毛虫主要防治措施

(1)在每代成虫产卵后至幼虫孵化前清除卵块。

(2)利用茶毛虫 3 龄前幼虫群集性强的特点,可人工摘除幼龄群聚危害的虫叶,或用洗衣粉(最好是无磷洗衣粉)或肥皂 100~200 倍液触杀虫群。

(3)利用幼虫在茶树基部结茧化蛹的习性,于每代化蛹期将茶树基部培土,并压紧,阻止成虫羽化。

(4)灯光诱杀或利用性激素与诱捕器诱杀雄蛾。

(5)在茶毛虫低龄幼虫期,喷施茶毛虫病毒制剂或用适宜的植物源农药进行防治。

3)茶黑毒蛾主要防治措施

(1)清除茶丛中下部枝叶上的卵块。

(2)及时修剪,清除茶丛下的纤弱枝和杂草,减少黑毒蛾的产卵场所。

(3)利用幼虫假死性,在被害茶丛下布置塑料膜,用木棒振落幼虫,集中消灭。

(4)充分利用天敌。

(5)生物药剂防治。在第一代幼虫孵化危害初期喷施苏云金杆菌悬浮剂 500 倍液或用适宜的植物源农药进行防治。

4)茶丽纹象甲主要防治措施

(1)结合中耕消灭虫蛹。

(2)人工振落捕杀。

(3)幼虫期土施白僵菌制剂或成虫期喷施白僵菌制剂。

5)假眼小绿叶蝉主要防治措施

(1)分批多次采茶,发生严重时可机采或轻修剪。

(2)湿度大的天气,喷施白僵菌制剂。

(3)在小绿叶蝉发生高峰期,利用色板诱杀小绿叶蝉成虫。

(4)喷施植物源农药。秋末采用石硫合剂封园。

6)黑刺粉虱主要防治措施

(1)及时疏枝清园、中耕除草,使茶园通风透光。

(2)保护茶园中的自然天敌。

(3)湿度大的天气喷施粉虱真菌制剂。

(4)喷施石硫合剂封园。

7)螨类主要防治措施

(1)及时采摘。

(2)保护茶园中的自然天敌。

(3)秋季喷施石硫合剂封园。

(4)发生严重的茶园,可喷施矿物源农药,如石硫合剂、矿物油等。

▶ **第四节　有机茶认证**

一　有机茶认证的概念方法

认证是指由认证机构证明产品、服务、管理体系符合相关技术规范的强制性要求或标准的合格评定活动。

有机产品认证属于自愿性产品认证范畴，有机茶认证是通过认证机构对有机茶生产过程和最终产品的认证，并且通过特定标志以区别常规产品，起到维护生产者和消费者权益，体现有机茶生产过程和产品质量的作用。

中国国家认证认可监督管理委员会（CNCA）（以下简称"国家认监委"）定期公布符合有机产品的认证机构。不在目录所列范围之内的认证机构，不得从事有机产品的认证。目前，我国境内获得批准和认可，从事有机认证的机构有杭州中农质量认证中心（OTRDC）、江苏省南京市的国家环境保护总局有机食品发展中心（OFDC）、北京中绿华夏有机食品认证中心（COFCC）等 21 家内资机构，以及瑞士生态市场研究所（IMO）、德国 BCS 有机保证有限公司（长沙办事处）、北京爱科赛尔认证中心有限公司（ECOCERT China）、美国作物改良协会（OCCIA）、欧盟 ECOCERT 认证机构等外资机构。

二　有机茶认证程序与所需的资料

1. 有机茶认证程序

有机茶认证是一项十分严谨的工作，必须按照严格的程序进行。虽然各认证机构的认证程序有一定的差异,但根据国家认监委《有机产品认证实施规则》的要求,认证程序一般包括认证申请和受理、检查准备与实施、合格评定和认证决定、监督与管理这些主要流程。下面以杭州中农质量认证中心(OTRDC)为例,介绍有机茶认证的具体程序。

(1)信息询问。询问有机茶认证相关信息和索取资料。

(2)认证申请。向中心索取申请表和基本情况调查表,申请者将填写完毕的申请表、调查表和相关材料寄回中心。

(3)申请评审。中心对申请者资料进行综合审查,决定是否受理申请。

(4)合同评审。对于申请材料齐全、符合要求的申请者,中心与其签署认证协议。申请者将申请费、检查与审核费、产品样品检测费汇到中心,上述费用系实际发生费用,与最终认证结果无关。

(5)文件评审。在确认申请者已缴纳认证所需的相关费用后,根据认证依据的要求对申请者的管理体系文件进行评审,确定其适宜性、充分性及与认证要求的符合性。

(6)现场检查。按照经申请者确认后上传到国家认监委信息系统的检查计划,检查组根据认证依据的要求对申请者的管理体系进行评审,核实生产、加工过程与申请者提交的文件的一致性,确认生产、加工过程与认证依据的符合性,现场抽取产品样品。

(7)样品检测。样品送至中心分包检测机构进行检测。

(8)综合审查。根据申请者提供的申请材料、检查组的检查报告和样品检测结果进行综合审查评估,编制认证评估表,在风险评估的基础上提出颁证意见。

(9)认证决定。根据综合审查意见,基于产地环境质量、现场检查和产品检测结果的评估,做出认证决定,颁发认证证书。

(10)证后管理。获证者正确使用有机产品认证证书;有机产品认证标

志接受行政监管部门及中心的监督与检查;及时通报变更的信息;再认证申请至少在认证证书有效期结束前3个月提出。

认证机构对获证者及其产品实施有效的跟踪调查,对于获证产品不能持续符合认证要求的,认证机构将暂停其使用直至撤销认证证书,并公布。

复认证检查至少1年1次。认证机构每年要完成一定比例的非例行检查。非例行检查不事先通知,检查的对象和频次等是基于对风险的判断和来源于社会、政府、消费者对获证产品的信息反馈。

2.有机茶认证所需的资料

有机茶认证申请者需按照《有机产品》国家标准和认证机构的要求,向认证机构提交相关的申请资料。这些资料对于认证机构安排认证检查,确认申请者是否按照标准组织生产,决定是否给予认证都是非常重要的。

(1)填报的表格材料:包括有机产品认证申请表、有机产品认证申请承诺书、种植基地基本情况调查表和食品加工厂基本情况调查表。

(2)项目基本情况资料:

①申请人的合法经营资质文件,如营业执照副本、商标注册证等。

②申请茶叶加工认证还需要提供QS生产许可证、操作人员的健康证等,加工过程用水还需提供水质检测报告。

③土地使用合法证明(土地承包租赁合同书、有机种植合同书等)。

④新开垦的土地必须出具县级以上政府部门的开发批复。

⑤提供产地环境质量监(检)测报告,土壤和灌溉水检测报告的委托方应为申请者。

⑥有机产品生产加工管理者以及内部检查员的资质证明材料。

⑦如果存在有机茶平行生产时,还需提供有机转换计划。

⑧当认证申请人不是有机产品的直接生产、加工者时,申请人与有机产品生产、加工者签订的书面合同复印件。

⑨通过其他认证机构认证的项目,提供证书或认证结果通知书或检查报告。

(3)有机生产、加工、经营管理体系的文件:包括生产单元或加工、经营等场所的位置图,有机产品生产、加工、经营管理手册,生产、加工、经营操作规程,有机生产、加工、经营的系统记录。

(4)说明:文件清单是对所有申请生产认证的一般性要求,检查员在检查时还有可能会针对各农场的具体情况要求申请人提供一些本清单未涉及的文件。除特殊标注外,一般均为复印件,检查员现场检查时还有可能查看正本。

▶ 第五节　有机产品的管理

一 有机产品的生产、加工、经营管理手册内容

(1)有机产品生产、加工、经营者的简介。

(2)有机产品生产、加工、经营者的管理方针和目标。

(3)管理组织机构图及其相关岗位的责任和权限。

(4)有机标识的管理。

(5)可追溯体系与产品召回。

(6)内部检查。

(7)文件和记录管理。

(8)客户投诉的处理。

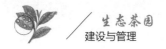

（9）持续改进体系。

二　有机产品的生产、加工、经营操作规程内容

（1）茶叶种植生产技术规程。

（2）防止有机生产、加工和经营过程中受禁用物质污染所采取的预防措施。

（3）防止有机产品与非有机产品混杂所采取的措施。

（4）茶鲜叶收获规程及收获、采集后运输、加工、储藏等各道工序的操作规程。

（5）运输工具、机械设备及仓储设施的维护、清洁规程。

（6）加工厂卫生管理与有害生物控制规程。

（7）标签及生产批号的管理规程。

（8）员工福利和劳动保护规程。

（9）有机产品生产、加工规划。

三　有机产品生产、加工、经营的系统记录内容

（1）生产单元的历史记录及使用禁用物质的时间及使用量。

（2）种子、种苗等繁殖材料的种类、来源、数量等信息。

（3）肥料生产过程记录。

（4）土壤培肥施用肥料的类型、数量、使用时间和地块；病、虫、草害控制物质的名称、成分、使用原因、使用量和使用时间等；所有生产投入品的台账记录（来源、购买数量、使用去向与数量、库存数量等）及购买单据。

（5）植物收获记录，包括品种、数量、收获日期、收获方式、生产批号等。

(6)加工记录,包括原料购买、入库、加工过程、包装、标识、储藏、出库、运输记录等。

(7)加工厂有害生物防治记录和加工、储存、运输设施清洁记录。

(8)销售记录及有机标识的使用管理记录。

(9)培训记录、内部检查记录。

(10)产品召回(包括演练)记录。包括:①客户投诉处理记录(时间、投诉方、投诉内容、解决措施);②管理评审等持续改进的记录。

四 有机标记管理

1.中国有机/有机转换产品认证标志和认证机构标志

中国有机/有机转换产品认证标志是证明产品在生产、加工和销售过程中符合《有机产品生产、加工、标识与管理体系要求》(GB/T 19630—2019)中有机/有机转换的规定,并且通过认证机构认证的专用图形;只要是 CNCA 批准的合法认证机构认证的有机产品或有机转换产品,均可使用中国有机产品认证标志(图 7-1)或中国有机转换产品认证标志(图 7-2)。

图 7-1　中国有机产品认证标志

图 7-2　中国有机转换产品认证标志

获证产品或者产品的最小销售包装上应当加施中国有机产品认证标志及其唯一编号（编号前应注明"有机码"以便识别）、认证机构名称或者其标识。

初次获得有机转换产品认证证书一年内生产的有机转换产品，只能以常规产品销售，不得使用有机转换产品认证标志及相关文字说明。

认证机构标志是认证机构的代表符号，与认证机构名称、英文缩写等一起构成认证机构的标识。不同的认证机构有不同的机构标志。有机认证机构标志仅用于经该认证机构认证的产品，且认证机构的标志或者文字大小不得大于中国有机产品认证标志和中国有机转换产品认证标志。

2.中国有机/有机转换产品认证标志的使用规范

根据《有机产品》国家标准和《有机产品认证管理办法》的规定，获证单位或者个人在使用中国有机/有机转换产品认证标志和机构标志时应遵循以下要求。

（1）中国有机/有机转换产品认证标志和机构标志应当在产品认证证书限定的产品种类、产品数量内使用，不得随意扩大使用范围。机构标志只能用于标志所属机构认证的有机茶产品。

（2）获证单位或者个人可以将中国有机/有机转换产品认证标志和机构标志印制在获证产品标签、说明书及广告宣传材料上，并可以按照比例放大或者缩小，但不得变形、变色。

（3）获证单位或者个人，应当按照规定在获证产品或者产品的最小包装上加施中国有机/有机转换产品认证标志。同时在相邻部位标注机构标志或认证机构名称，其相关图案或者文字应当不大于中国有机/有机转换产品认证标志。

（4）未获得有机/有机转换认证的产品，不得在产品或者产品包装及标签上使用中国有机/有机转换产品认证标志和机构标志，也不得标注

"有机产品""有机转换产品""有机茶""有机转换茶"和"无污染""纯天然"等其他误导公众的文字表述。

（5）有机产品认证证书有效期满后未重新获得认证的,不得继续使用中国有机/有机转换产品认证标志和认证机构标志。

（6）认证机构在做出撤销、暂停使用有机/有机转换产品认证证书的决定的同时,应当监督有关单位或者个人停止使用、暂时封存或者销毁其持有的中国有机/有机转换产品认证标志。

（7）任何获证单位或个人不得私自将中国有机/有机转换产品认证标志和认证机构标志的使用权转让给其他单位或个人。

3.违规使用标志需承担的责任

（1）已经获得有机/有机转换认证的产品,如发现违反标志使用规范或者产品质量不符合认证要求而使用中国有机/有机转换产品认证标志销售产品的,则报请监管部门立即责令其停止该产品销售,没收责任方相应违法所得,并处以罚款。

（2）产品未经认证而使用中国有机/有机转换产品标志进行销售的,则依法由相关执法部门责令其停止销售,没收责任方违法所得,并处以罚款,同时追究该企业负责人相关责任。

（3）凡违反使用中国有机/有机转换产品标志和认证机构标志使用规范而引起的经济责任,由使用者无条件承担。

（4）加施中国有机/有机转换产品认证标志的产品出屋销售后发现不符合标准要求的,生产企业应当负责包换、包退,必要时实行产品召回程序。给消费者造成损害的,生产企业应当依法承担赔偿责任。